“职（场）校（园）衔接”系列

初入职场

怎么看 怎么想 怎么干

主 编 胡 宏

副主编 鲍丽[illegible]

中国水利水电出版社
www.waterpub.com.cn
·北京·

内 容 提 要

本书从意识层面帮助员工完成从校园到职场的思想过渡，做好成为合格职场人的心理准备；从“软实力”层面提升员工思维能力，从思维方式上完成“职校转变”；从“硬实力”层面帮助员工学习职场技能，手把手教会员工如何开展初入职场可能遇到的工作，助力新员工快速上手。

本书既可以作为高校毕业生入职前的学习用书，又可以作为单位新员工入职的培训用书，还可以作为职场其他人员手头“字典”，在需要的时候翻阅。

图书在版编目（CIP）数据

初入职场 ：怎么看　怎么想　怎么干 / 胡宏主编
. -- 北京 ：中国水利水电出版社，2021.12(2024.8重印)
（“职（场）校（园）衔接”系列）
ISBN 978-7-5226-0070-3

Ⅰ. ①初… Ⅱ. ①胡… Ⅲ. ①成功心理—通俗读物
Ⅳ. ①B848.4-49

中国版本图书馆CIP数据核字(2021)第243625号

书　　名	“职（场）校（园）衔接”系列 **初入职场：怎么看　怎么想　怎么干** CHU RU ZHICHANG：ZENME KAN　ZENME XIANG ZENME GAN
作　　者	主　编　胡　宏 副主编　鲍丽山
出版发行	中国水利水电出版社 （北京市海淀区玉渊潭南路1号D座　100038） 网址：www.waterpub.com.cn E-mail：sales@mwr.gov.cn 电话：（010）68545888（营销中心）
经　　售	北京科水图书销售有限公司 电话：（010）68545874、63202643 全国各地新华书店和相关出版物销售网点
排　　版	中国水利水电出版社微机排版中心
印　　刷	河北鑫彩博图印刷有限公司
规　　格	145mm×210mm　32开本　8印张　171千字
版　　次	2021年12月第1版　2024年8月第4次印刷
定　　价	**88.00**元

本 书 编 委 会

前言

PREFACE

初出校门踏入职场，内心总会有忐忑与迷茫；用人单位期待新人尽快上手，却找不到有效的办法；政府希望新员工得到更好的入职培训，尽快担当起社会进步的主力军。

新员工是组织发展的新鲜血液，新员工培训是组织针对这个群体专门设计并实施的培训，它在塑造合格员工、传承组织文化、建设成功团队、赢得持续竞争优势等方面具有十分重要和独特的作用。新员工入职培训往往侧重于介绍单位基本情况、规章制度、岗位职责，重点培养新员工岗位履职能力，较少关注新员工角色转变、思维转换、职场基本素养与技能等。

国网江苏电力在分析研究新员工培训需要与现状的基础上，敏锐地发现并聚焦这一市场空白，系统梳理职场对青年员工，尤其是对新员工在角色转换、自身定位、基本技能方面的要求，创新设计、自主开发“职（场）校（园）衔接”系列版权课程，包括“怎么看”“怎么想”“怎么干”三大板块20门课件。课程开发完成后，组织多轮试课，并于2021年暑期举办为期一周的实验班，由包括国网江苏电力资深专家在内的讲师团队试讲、评审，邀请具有代表性的新员工作为学员试听、交流。该课程一经发布，其价值即得到广泛认可，纳入多个单位新员工培训。

国网江苏电力根据授课情况，进一步丰富优化课程体系，组织编写此书。希望通过书籍，以更快速度、在更大范围、面向更多受众，传播“职校衔接”课程体系的精华内容，帮助更多职场新人又好又快实现从校园到职场的转变，迅速成长为一名合格、像样、受欢迎的组织成员。职场其他人员，也可以对照该书，查找自身不足与差距，快速弥补、提升。该书既可以作为高校毕业生入职前的学习用书、单位新员工入职的培训用书；还可以作为职场其他人员手头的“字典”，在需要的时候翻阅。

本书内容主要分为3个章节。第1章“初入职场怎么看”引导员工正确认识职场与校园的区别、明确职场角色转换的重要性与方法、认知工作的意义与职场新人所做工作的特点、了解并掌握职场素养的基本内容，从意识层面帮助员工完成从校园到职场的思想过渡，做好成为合格职场人的心理准备。第2章“初入职场怎么想”着力从“软实力”层面提升员工思维能力，介绍职场加分思维及常用模型，指导员工培养良好职场习惯，从思维方式上完成“职校转变”。第3章“初入职场怎么干”，从“硬实力”层面帮助员工学习职场技能，手把手教会员工如何开展初入职场可能遇到的工作，助力新员工快速上手。

本课程体系设计、开发、迭代和书籍编写、审核过程中，国网江苏电力人力资源部全程给予了指导和帮助，国网江苏电力鑫顺咨询与国网江苏信通公司协同配合，保证了成果的高质量和进度的高效率。鑫顺咨询管理研究院、培训研究院专家和兼职研究员积极参与、集思广益，在课程开发、讲授和书稿编写、完善过程中做了很多工作，在此深表感谢！

由于编著过程匆忙，笔者水平有限，书中难免有疏漏和不足之处；对“职校衔接”的认知也无标准答案可以参照，书中肯定还有这样或那样的瑕疵。恳请广大读者批评指正，欢迎在我们“职辅宝”微信公众号留言，提出宝贵意见建议，帮助我们改进完善。

编委会

2021年11月

目录

CONTENTS

第 1 章

初入职场怎么看

1.1 认识职场

人的前半生，通常有两次关键的转折点。

第一次发生在幼儿园升入小学的过渡阶段。这个阶段，我们经历“从玩到学”的重大转变，家长和老师告诉我们，要按照小学生的标准要求自己，“上课认真听讲，按时完成作业”。

第二次发生在大学毕业进入职场的过渡阶段。这个阶段，我们经历“从学到工”的重大转变，企业希望我们尽快做好校园到职场的衔接过渡，以最佳状态实现从学生到合格职员角色的转变。

认识职场，是“职校衔接”第一课的基础。做好职校衔接，更好融入职场，需要充分了解职场与校园的主要区别，有针对性地调整好自己的态度和工作方法。

1.1.1 什么是职场

1.1.1.1 关于职场

职场是工作的场所：职场的定义就是可以就职的场所，包括所有机关、企事业单位等。

职场是工作的地方：正如学校是学习的地方，家是放松休息的地方，职场就是工作上班的地方。

职场是谋生的平台：在职场，可以利用自己的知识或技能实现或完成指定的工作，换取应得的报酬，从而满足生活的需要。

职场是展示的舞台：职场给我们机会充分展现自己的才华，并通过表扬、加薪、升职等方式予以肯定。

1.1.1.2　除了工作，我们在职场里还做什么

1. 学习 + 生活

按照社会发展规律和人才成长规律，绝大多数毕业生在刚刚进入职场的初期都不能很好地胜任岗位工作，需要再学习与职场相关的新知识、新技能，在工作中学习、缺什么补什么的过程中不断成长成熟。所以对新员工来说，职场首先是一个学习的场所。

同时，职场也是重要的生活场所。人的一生大部分有效时间是在职场，跟同事工作在一起、生活在一起。对于很多人而言，最好的朋友一般都是自己的同事，最经常性的聚会也是和同事们在一起。

2. 职场中的竞合关系

职场不是一个人的江湖。许多工作不能单枪匹马、仅依靠个人力量完成，必须要学会合作、协调分工，将资源最大化有效整合，高效完成工作任务。

市场会淘汰效益不好、没有竞争力的企业，企业内部同样会淘汰工作绩效差、不能胜任岗位的员工。因此，员工要努力达到工作要求，同时在与他人竞争合作中达到提升自我、提高绩效的目标。

在职场中，既有竞争，又有合作，更多的是合作。

1.1.1.3　我们还需要了解职场的本质

我们通过自己的劳动，为企业带来了效益的同时，企业为员工发放薪酬，帮员工实现自我价值。因此，职场的本质是企业和员工共同成长、相互成就。要想在职场谋求更好的发展，实现自己的梦想与价值，就要努力成为对职场有用的人才。

相比于体制外人员流动性大的职场，体制内的人迁移成本很高，因此更要注意自己留给职场的印象，在意自己在职场中的表现和评价。

作为职场新员工，要趁着外界在这一阶段对自己期望较低、容忍度较高、试错成本低的有利时机，主动承担、抓紧成长，尽快在职场中找到属于自己的一席之地。

1.1.2　职场和校园的区别

1.1.2.1　组织上

1. 组织目标

学校的目标是培养人，学生在学校是学知识的；

企业的目标主要是盈利，员工在职场是用知识的。

2. 成员结构

学校里身边都是同专业的同龄人，同质化程度高；

职场里员工年龄有长有幼、专业五花八门，同质化程度低。

3. 团队管理

学校管理相对松散，学生有很大自由度；

企业有严格的规章制度，员工必须服从遵守。

4. 人际关系

学校里大家思维方式差不多，和同学可以无话不说，嬉笑打闹；

职场里大家思维方式相差很大，对同事要更多注意分寸和边界，谨言慎行。

5. 新人比例

学校里学生分布比较均衡，每年新生力量很大（本科达到 1/4、硕士达到 1/3），新生对存量的影响力大；

企业中员工以存量为主，每年新生力量占比很小，大多数成熟的企业一般在百分之三以内，存量对新人的影响力大。

1.1.2.2　行动上

1. 目的性

在学校学习是为了通过考试，顺利毕业；

在职场学习是为了做好工作，提升自己。

2. 计划性

在学校学习是跟着课程计划走，按部就班学；

在职场学习是跟着市场（环境）走，计划常常处于动态变化中。

3. 主动性

在学校是被动接受学校的安排和老师的传授，跟着就可以；

在职场里更多靠自觉、自主学习、主动争取，必须主动为之。

4. 必要性

在学校即使学不好，还有父母托底，不影响生活；

在职场工作如果做不好，可能会被降薪、辞退难以发展，影响生活。

5. 协调性

在学校多数是独立学习，自己完成学习任务；

在职场需要团队合作，共同完成工作任务。

6. 内容

在学校：重理论，轻实操；重课本，轻课外；重投入，轻时效（在学校学习一门知识，短则一学期，长则一年）。大多是用所学。

在职场：重实操，要求理论联系实际，理论为实操服务；要求高效利用资源、整合资源；重视投入和产出比（在有限时间里高效获取知识，并将知识和信息转化为能力，把能力转化为效益）。大多是学所用。

7. 结果

学校里的问题一般都是封闭性的，有标准答案；

职场中的问题一般都是开放性的，答案没有最好只有更好。

1.1.2.3 方式上

1. 考核方式

在学校考核是看总分和平均分，鼓励取长补短、均衡发展；

职场中的考核更关注个人突出项和不可替代性，重在长板（当然，短板不能拖后腿）。

2. 做事态度

在学校对学习可以不用要求得满分，不必追求十全十美；

在职场对工作必须认真负责，做到尽善尽美。

3. 做事方式

在学校不管用什么方式学习，只要完成学习任务即可；

职场里有种种规则和惯例，对员工的工作过程有比较明确的规定。

4. 犯错后果

在学校做错了题不会影响别人，顶多被老师批评，考试考不过还可以补修、重修，有多次补救机会，不一定影响毕业；

在职场工作出错可能影响同事、部门、甚至整个公司的业绩，领导也许不会批评你，但可能会直接开除你；同事也可能因此排斥你、孤立你。

从上面的分析可以看出，职场与校园还是有很大的区别的。因此，针对这些区别，我们在职场中既要有“初生牛犊不怕虎”的勇气、“我行我可以”的底气，更要有“做新媳妇”的心气，认真对待，用心研究，尽快适应职场的各种文化和要求，又好又快实现角色和身份的转变。

对比模块	具体内容	校　园	职　场
组织上	组织目标	学校的目标是培养人，学生在学校是学知识的	企业的目标主要是盈利，员工在职场是用知识的
	成员结构	身边都是同专业的同龄人，同质化程度高	年龄有长有幼、专业五花八门，同质化程度低
	团队管理	相对松散，学生有很大自由度	有严格的规章制度，必须服从遵守
	人际关系※	大家思维方式差不多，和同学可以无话不说，嬉笑打闹	大家思维方式相差很大，对同事要更多注意分寸和边界，谨言慎行

续表

对比模块	具体内容	校　园	职　场
组织上	新人比例	学生分布比较均衡，每年新生力量很大（本科达 1/4，硕士达 1/3），新生对存量的影响力大	员工以存量为主，每年新生力量占比很小，大多数成熟企业一般在 3% 以内，存量对新人的影响力大
行动上	目的性	为了通过考试，顺利毕业	为了做好工作，提升自己
	计划性	跟着课程计划走，按部就班学	跟着市场（环境）走，计划常常处于动态变化中
	主动性※	被动接受学校的安排和老师的传授，跟着就可以	更多靠自觉，自主学习，主动争取，必须主动为之
	必要性	即使学不好，还有父母托底，不影响生活	在职场工作如果做不好，可能会被辞退或者难发展，影响生活
	协调性	多数是独立学习，自己完成学习任务	需要团队合作，共同完成工作任务
	内容	1. 重理论，轻实操； 2. 重课本，轻课外； 3. 重投入，轻时效（在学校学习一门知识，短则一学期，长则一年） 大多是用所学	1. 重实操，要求理论联系实际，理论为实操服务； 2. 要求高效利用资源、整合资源； 3. 重视投入和产出比（在有限时间里高效获取知识，并将知识和信息转化为能力、把能力转化为效益） 大多是学所用

续表

对比模块	具体内容	校　园	职　场
行动上	结果※	问题一般都是封闭的，有标准答案	问题一般都是开放性的，答案没有最好只有更好
方式上	考核方式※	看总分和平均分，鼓励取长补短均衡发展	更关注个人突出项和不可替代性，重在长板（当然，短板不能拖后腿）
	做事态度	对学习可以不用要求得满分，不必追求十全十美	对工作必须认真负责，做到尽善尽美
	做事方式	不管用什么方式学习，只要完成学习任务即可	职场有种种规则和惯例，对员工的工作过程有比较明确的规定
	犯错后果	做错了题不会影响别人，顶多被老师批评。考试考不过还可以补修、重修，有多次补救机会，不一定影响毕业	工作出错可能影响同事、部门、甚至整个公司的业绩，领导也许不会批评你，但可能会直接开除你；同事也可能因此排斥你、孤立你

备注：打“※”号的是特别显著的区别，需要特别关注。

1.2 认识角色

你喜欢看电影、喜欢追剧吗？

你最喜欢的演员是谁？为什么喜欢 ta？

是因为 ta 颜值高，还是因为 ta 演技好？

男演员的帅、女演员的美，观众能直接感受到。但一个演员的演技好，我们是怎么感受到的呢？

在抛开粉丝滤镜、配音等外界因素的影响下，再看这个演员的眼神、动作、表情，感觉到每一个细节都符合他的角色设定，看不出任何表演痕迹，甚至觉得这个角色就应该是这个样子的。

也就是说，演员演的好不好，最关键的评价标准是演得像不像。

其实，每个人都是“演员”，人生如戏，全靠演技。在我们的成长过程中，扮演或担任过许许多多的角色：父母的孩子、兄弟（姐妹）的兄弟（姐妹）、老师的学生、同学的同学、朋友的朋友、商家的客户、医生的患者……未来也许还会成为爱人的爱人、孩子的父亲（母亲）、岳父母的女婿（公婆的儿媳）……

作为初入职场的新员工，准确地认知所处情境中自己的角色、识别角色的职责和使命，是扮演好这些角色的前提和基础。

本节我们来了解新员工在职场中都扮演什么角色，怎样更好地演好这些角色。

1.2.1　认知自己的职场角色

职场新员工，除了要遵守基本的职场规章制度和礼仪规范外，主要扮演着学徒、助手、砖头三大角色。

另外，作为一名组织新加入者，新员工资历浅、才能低，是职场的弱者，职场中大多数时候新员工还要当好听众。

1.2.1.1　学徒

初入职场的小白基本处于什么也不会、什么也不懂的状态，一切从头开始。因此现在很多企业都会实行“师带徒”的培养方式，新员工会与经验丰富的师傅举行“拜师礼”，签订“师徒合同”；而师傅在传授技能的同时，还会通过言传身教将工匠精神等价值观传递给徒弟。因此，初入职场我们的角色首先是“学徒”。

这时就需要新员工拿出学习的劲头，全面开启自己的信息接收雷达，将所见、所做、所学、所思、所想、所感，能接收到的都接受下来，逐步积累自己的职场知识体系和技能体系，不断提升个人工作的能力水平。

培养“学徒心态”，是年轻人修炼功夫、磨砺心性的过程。对于一个初入职场者，不妨主动将过去的荣誉和光环，什么博士、硕士，什么 985、211，什么学生干部、学生党员，什么重要论文的作者、重大奖项的获得者等等，全部“清零”，重新自我定位，适应新的环境，做一名低调、谦逊、合格的学徒。

“同一个问题不问两遍，同一个错误不犯两次”，是做一个好学徒的最低标准，我们要定期对照反省，避免“失分”。

比如，师父教我们做一件事，我们首先要“知其然”，把做事的流程记下来，每个节点怎么做、在哪做、有什么注意事项。有些有操作界面的，甚至可以把界面截屏或者拍照，打印出来，直接在界面做备注，更直观更方便。在此基础上，我们还要尽可能弄清楚“其所以然”，这样才能把握本质，更便于融会贯通、创新提升。

1.2.1.2　助手

初入职场的新员工，一般还不能独立承担工作，更多的是帮助领导或同事做一些简单的事务性或者辅助配合工作，履行“助手”的角色。

首先，我们要正确的理解，因为我们好多事不懂、不会，因此我们可能只能做这些。

其次，要理性地认知，因为新员工的工资最低，所以低价值的任务更多由新员工来干，这样企业的成本收益比最高。

最后，要认识到做事的本质是一样的。如果能耐着性子、用足心思把这些看似琐碎且技术含量不高的小事做好，才有机会去做更大的事。这就是职场的规则：如果连小事都做不好，谁敢让你做大事呢！

做助手，就要做个好助手。不管做谁的助手，都需要了解你协助的对象，知道 ta 的脾气、想法、习惯，了解 ta 的指令，取得 ta 的信任。因为，配合谁工作，谁就是那个给你“打分”的人。

做助手，要做好记录工作，比如交代的指示要求，指导的工作方法及注意事项，提出的改进意见，特别是会议、培训、交流、研讨中听到、学到的一些有益思路、有用方法，都要认真记录，并在事后第一时间进行复盘、整理，与自己原有的知识体系有机融合，让这些知识真正变成自己的知识。

此外，还要借助做助手的这一机会，用心做好服务，培养良好的人际关系；努力做好业务，输出自己的价值。在此过程中逐步树立自己的口碑、建立自己的人脉，为后期更好地开展工作、更好在职场发展打好基础。

比如，帮领导和同事做 PPT，就是一个与领导和同事连接、向他们学习的好机会。

1.2.1.3　砖头

有句话说得好："我就是企业的一块砖，哪里需要哪里搬"；还有句类似意思的话，"我是发展一枝花，哪里能开往哪插"。这两句话非常符合职场新员工的角色定位。职场新员工因为还没有形成自己的专业能力，岗位也没有确定，所以经常会作为企业的"砖头"，根据需要"搬到"这里或者那里。

工作有了新要求，任务有了新动向，领导有了新思路，甚至哪怕做的事和你自认的岗位职责、能力水平并不完全相符甚至相差甚远（比如，你是专业技术人员，让你放下手上的工作去参与一些工会、团青活动等），依然要有螺丝钉的精神，珍惜每一次做事的机会，想办法寻找突破口，竭力将工作做好，在获取更多经验、更多人脉、更多口碑的同时，为公司的发展壮大贡献自己力所能及的力量，也为自身的发展寻找更多的可能性。

当然，在做好砖头的同时要尽可能体现“本砖”的特色，努力争取在更适合的位置发挥作用。

比如，“红砖”在红色区域可能更协调；“金砖”铺在皇宫可能更得体；“墙面砖”贴在墙上应该更合适。

1.2.1.4　示弱

在经验丰富、资历深厚的领导和同事们面前，刚参加工作的新员工确实像个愣头青，处于弱势地位，是名副其实的弱者。

要做一个“好的”弱者，首先要端正心态。如果将职场比作战场，即使新兵就只是军队中不起眼的弱者——一个小小的士兵，但心态依然重要。不能弱者自弱，如果总是没有底气和信心的话，终究会让自己变成一个不战而败的士兵。因此，要有足够的自信，无需唯唯诺诺、畏首畏尾。

要做一个“好的”弱者，一定更要注意方法。要做个有准备的人，做好知识储备，便于在强者面前提高自信。如果你怕说错，可以尝试写出来，以文字辅助输出，多借助邮件、微信、PPT、思维导图等形式进行交流。职场的沟通表达非常重要，从小到大除了写作文，学校很少有这方面的系统训练，因此进入职场后要刻意加强这方面的锻炼，向书本学，向视频学，对着镜子练，对着手机练，尽快补强这方面的短板。

比如，安排我们做一个方案汇报，我们要提前做足功课，谱好

“四部曲”。首先是消化方案的内容，做到所讲的都是自己已经理解的；其次要储备相关的周边知识点，以便在交流的时候能够适当发挥；再次要做介绍的演练，多讲几遍，讲熟了心里自然就自信了；最后还可以预先请个别领导和专家帮助审稿、提意见，经过反复预演后的正式汇报，一定能更好地展现自己。

1.2.1.5　听众

初入职场时，因为掌握信息较少、需要学习的东西太多，所以更多的是听别人说。做一名“好的”听众不容易，通常需要注意以下几点：

首先，全面听。要全面地听完整的信息，包括对暂时不认同的信息也要进行接收记录，尤其是领导的指令，理解了要坚定执行，不理解也要坚决执行。

不要因为不认同领导的想法而急着反驳或排斥。职场新员工与领导看问题的角度往往是不一样的，高度和格局也大不同，有时我们只能看到一个点（甚至还不对），而领导看到的是一条线、一个面，甚至是一个体。

手机是我们作为听众的一大干扰，我们在听的过程中要处理好手机的问题，尽量不被手机打扰，否则会漏听，还会让讲话者觉得不被尊重。

其次，及时记。作为听众，要多记录。“好记性不如烂笔头”，多动笔记录，既可以在记录的过程中加深印象，记录下来的内容又可以供后期咀嚼、消化、温故。

最后，批判想。职场中每个人的能力水平、思维方式、看问题的角度都不大一样，别人给出的答案要以批判性的角度去理解和接收，多想多比较，用自己的实践经验和理论认知去佐证，在思考中丰富自己的认知。

比如，师父教我们做事方法时，我们要做的第一步是听明白，搞清楚；第二步是记下来，防遗忘；第三步是再思考，求提升。

1.2.2　做好角色的转换

人是有惯性的，我们扮演的角色也有很大的惯性。初入职场，要做好角色的转换，尽快适应职场，可以从做好以下“五态”入手。

摆正心态：很多小伙伴在学校里是佼佼者，自我感觉良好。但初入职场，既要仰望星空，也要脚踏实地，有理想有目标有信心是好事，但也要摆正心态，避免好高骛远、眼高手低。

放对姿态：俗话说“闻道有先后，术业有专攻”“道之所存，师之所存”，职场的每一种经历都是很好的学习机会，要用心向身边领导和同事学习，不断提升自我。

美化仪态：规范自己的言谈举止，美化自己的仪容仪表，脱去学校的稚气，展现职业素养。

调整状态：每天开始工作前都要自我调整，以活力满满、朝气蓬勃的状态投入工作。

保持常态：进入职场要始终保持热情与主动、注重态度和方法，给领导和同事留下好的印象。

案例： 2020 年 1 月 2 日的浙江义乌，全国高速公路联网收费第二天，义东高速收费员被不理解新政策的司机辱骂，委屈落泪。但下一秒又努力控制好情绪，转头微笑服务。

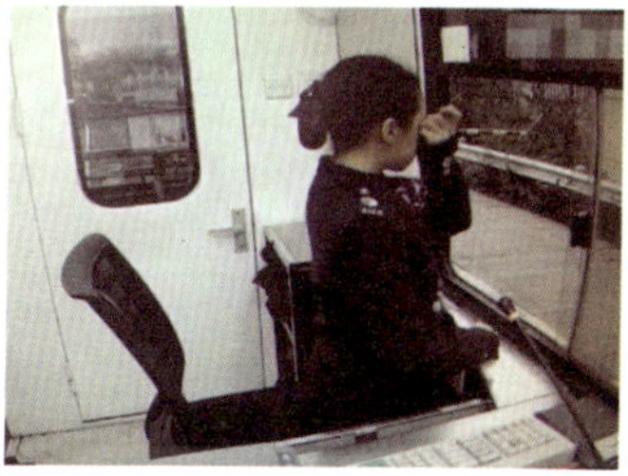

（图片源自腾讯新闻）

及时自我调整，用最好的状态面对客户，不把个人情绪带到工作中，是优秀职业素养的体现。

入职一段时间后在充分了解自身（核心价值观、优缺点、动力系统等）及职业（工作内容、知识技能要求、工作环境等）之后，可以试着比较自己和职业要求的差距，制订自身发展规划，明确职业发展目标、阶段性小目标、实施路径、具体举措和努力的科学方法，助力自己精准成长。

养成及时复盘的好习惯，对工作情况（如何制订计划、跟踪进度、汇报总结等）和个人感受进行简短记录，并对其进行复盘，找到自己的优势（做得好的继续保持并不断扩大优势），找出自己的劣势（做得不好的找到改进方法），这样才能在职场的道路上行稳致远。

戴尔·卡耐基先生说过一句话：多数人都拥有自己不了解的能力和机会，都有可能做到未曾梦想的事情！

与你共勉！

1.3 认识工作

前面提到，职场新员工通常扮演着学徒、助手、砖头三类角色，承担的大多是浅层次、辅助性、琐碎性的工作。职场新员工都将经历一个从不熟悉到熟悉、从不胜任到胜任的过程。即便是专业再对口，也要接受“将理论应用到实践、从知识转化为技能”的挑战。正确地认知岗位分工、认知工作的意义、认知职场新员工即将从事的工作，对更好地适应职场具有非常重要的意义。

1.3.1 认识工作的重要性

岗位是组织要求个体完成的一项或多项责任，以及为此赋予个体的权力的总和。在企业内部，员工在不同的岗位上从事工作，从而为企业带来效益的提升。

理想很丰满，现实很骨感。在学校时的我们总是对未来工作满怀憧憬，抱有许多不切实际的幻想。但是，当以一名新员工的身份第一次走入职场、第一次走上工作岗位的时候，会发现现实和想象总是有差距的。从校园到职场，环境的转变带来人际关系的不适应；从学生到职员，身份的转变带来责任的压力；从理论到实践，方式的转变带来能力的不足。因此，更要主动认知工作、认知岗位，了解岗位在组织架构中的作用与责任，熟悉其工作流程和方法，进而快速上手有所突破。

1.3.2 新员工如何认知岗位

当我们说“我是某某岗位”这句话时，不单单是指一个岗位所需要去完成的工作内容，还包括这个岗位应当承担的责任范围（当我们身处一个岗位时，所要完成的不单单是这个岗位本身赋予的工作内容，还包括这个岗位应当承担的责任范围）。

不能简单地把“我是干什么活的”作为对岗位职责的理解，虽然这种认知在社会上具有普遍性。每一个人都需要充分认识自己的岗位和工作，明确应该干什么、应该怎么干、应该干到什么标准，以便把握好自己在工作中、在岗位上的定位。

1.3.2.1 工作意味着责任

岗位，不仅仅是“为稻粱谋”，还意味着责任。责尽才能心安，苦中亦能有乐。

担负责任，首先要做好自己的事。做到爱岗敬业、忠于职守，认认真真对待每一项工作，保质保量完成每一项任务，给下游环节提供最好的“输入”。

其次要有精益求精的心态。不满足于现状，不断为自己设定新目标，不断提高对自己的要求，增强工作的主动性和创造性。

1.3.2.2 工作也是舞台

在岗位这一舞台上，只有小演员，没有小角色，每个人都是主角，表演的精彩程度取决于扮演角色时的投入程度。

舞台可以简陋，演出必须精彩；岗位可以平凡，追求必须崇高。

将平凡的工作干得不平凡，才最能彰显自己的价值。

要把岗位当作展现自己能力的舞台，发挥新员工应有的热情与阳光，积极参与企业各类文体活动，融入团队，让自己在岗位这一舞台上活力四射、朝气蓬勃。

1.3.2.3 工作并不单一

很多新员工觉得我担任的是这个岗位，就应该只干这个岗位的活。然而进入职场走上岗位之后，却发现做的远远不止本岗位的事，在体制内的企业更是如此。

1.3.3 职场新员工的主要工作

在职场，新员工主要从事以下三类工作：

浅层次的工作：因为能力、信任等多方面原因，新员工刚开始无法接触太深入的工作，做的很多事都停留在表面，技术含量不高。

辅助性的工作：新员工刚开始的工作大多是配合别人，做别人的助手，协助别人完成任务；做企业的砖头，做别人不愿意做的工作，做的很多事可能跟自己所学的专业还不对口。

琐碎性的工作：新员工很少能承担一项完整的任务，通常只参与任务中间的某一环节，琐碎繁杂，没有连续性，常常身心俱疲。

从企业的角度考虑，一定是安排最适合的人做最适合的事，把重大项目交给经验丰富的老员工做。而新员工相对老员工来说，能力弱、经验少、工资低，这些因素都决定了新员工刚开始只能从最基本的浅层次、辅助性、琐碎性工作做起。

虽然这类工作的成就感低，容易使人产生强烈的失落感，但是新人不必心怀愤懑，觉得自己只是在打杂，做一些无意义的杂事，觉得企业埋没了人才。这是走入职场的必然过程，也是企业考察、培养新员工的必经阶段。企业这么安排的原因很简单：如果简单的事都做不好，怎么敢给你更重要的事。

职场新员工要做的，首先是端正心态，充分理解“做好简单的事是积累信任的前提”，坚持“一屋不扫何以扫天下”的发展理念，严格“不想当将军的士兵不是好士兵”的自我要求，把每一项工作都视作自己学习的机会、展现的机会、连接的机会，做到“事交我办有结果，事经我手无差错，事由我做请放心”，避免“在简单的题目上失分”，尽量“在复杂的题目上挣分”，完美经受考验。

1.4 职业素养

1.4.1 什么是职业素养

做一个职业化的职场人，既是企业的要求，更是新员工自身成长的目标。而想要成为一个职业化的职场人，就需要不断提高自己的职业素养。

根据中国知网（CNI）对“职业素养”一词的解释，职业素养是指职业内在的规范和要求，是在职业过程中表现出来的综合品质，包含职业道德、职业技能、职业行为、职业作风和职业意识等方面。

作为个人，必须不断修炼、充实和完善自己以提高职业素养，才能拥有稳固的生活保障甚至优越的生活条件，进而升华自己的精神境界。

良好的职业素养是衡量一个职业人成熟度的重要指标。

1.4.2 职业素养的意义

为什么说职场新员工一定要培养职业素养呢？培养职业素养对于新员工来说到底有何意义？

从个人角度来看。适者生存，个人缺乏良好的职业素养，就很难取得突出的工作业绩，更谈不上建功立业。

从企业角度来看。唯有集中具备较高职业素养的人员才能实现求得生存与发展的目的，他们可以帮助企业节省成本，提高效率，从而提高企业在市场的竞争力。

从国家的角度看。国民职业素养的高低直接影响着国家经济的发展，是社会稳定的前提。正因如此，“职业素养教育”才显得尤为重要。

因此，从个人到国家，从微观到宏观，都要求我们必须拥有良好的职业素养，这一点是毋庸置疑的。

1.4.3 如何培养职业素养

如何培养职业素养，需要从根本、内质和外形三个方面入手。

1.4.3.1 根本

职场素养的根本，是“生活第一”，因为工作是木、生活是本。

要从年轻的时候注意自身的安全和健康，科学养身，合理健身。关注三个主要安全指标：饮酒、交通、消防；关注四个主要身体指标：血压、血糖、血脂、尿酸。

趁着年轻，训练自己一两个方面的运动项目，达到一定的水平。

及时尽孝，不要总是说等自己有能力了再孝敬父母，父母在一天天变老，不要留下“子欲养而亲不待”的遗憾。

好好陪陪家人孩子，不要等孩子长大了才发现错过了孩子最可爱的阶段。

无论什么时候，都要坚信没有过不去的坎，不要被压力打垮。

1.4.3.2 内质

1. 遵章守纪：不触底线，不碰红线

要认真学习、自觉遵守公司的各项规章制度，遵守劳动纪律。

其中主要包括：上下班、参加会议或活动不迟到早退；请假须履行请假报告手续；短时离开单位外出要事先向自己的直接主管请示；仪容着装整洁得体；办公环境整洁卫生；上班期间不做与工作无关的事，不打游戏，不闲聊；车辆按照规定停放；文明就餐、杜绝浪费；不浪费水电、纸张、耗材；不在禁烟区吸烟，不吸游烟；不乱放设备、物品，不乱扔垃圾和杂物等。

要遵守专业规程规定、标准规范；遵守保密规定，自觉维护单位利益；遵守社会法律法规，特别是交通法；遵守社会公德；党纪国法是底线、红线，不能触。

要按章办事。已经明确职责分工和办事规则的事，按流程和规则办；没有明确的，要及时汇报、请示，不能擅自做主。

重大事项必须及时汇报。

日常事务及时沟通，不必等到开会时才汇报；需要重点协调的事务专题协调或会议协调。

保持简单、正常的人际交往。与人相处要适当、得体；不能拿的东西坚决不拿；不接受基层单位、业务单位的好处；更不得伸手索要好处；当前，要严格执行好“八项规定”。

2. 诚信敬业：诚实守信，忠诚敬业

信守承诺，承诺是金，一诺千金，一言既出，驷马难追。要取得别人的信任，关键在于自身的行为，做好每一件小事，是积累信任的前提。对工作的承诺也是诚信的重要组成内容。

敬业就是敬重自己的工作，把职业当事业，忠诚、认真，干一行爱一行。敬业的人，工作中容易投入，容易出成果，容易出业绩，容易受到别人的尊敬。

只有把工作当成事业来干，才能长久，才能卓越，对待工作不是一般努力就可以，而是虔诚；不是尽力而为，而应全力以赴。

工作的质量代表你的能力、水平和态度，代表你的职业承诺。每个岗位、每个环节都要尽自己的努力，保证本岗位、本环节工作最优，以个体最优保整体最优。凡是经过自己的东西都代表了自己的水平，要把好自己这一关。

3. 积极主动：积极向上，主动作为

（1）主动、积极、乐观对待工作、学习、生活，学会开导自己，遇到困难不气馁。

积极的心态能激发人的热情和潜能，提升人的创造性，增强人的主动性，促进个人成长和事业成功。

消极的心态会怀疑一切，没有自信，没有方向，容易丧失机会。

积极是一种正能量，积极的心态容易感染人，容易与人交朋友，每个人都愿意和正能量的人交朋友。要学会与人交朋友，每个人都需要朋友，需要不同类型的朋友。

过去不等于未来，只要我们努力。士别三日，当刮目相看！

（2）告别“不高兴”。高兴也是做，不高兴也要做，那就高兴地去做，而且做就做好。

（3）不要事事等人交代，主动做好自己分内工作。成为受欢迎的员工。从“要我做”转变成“我要做”；主动分担一些“分外”事；

先做后说，给领导惊喜；学会毛遂自荐；高标准要求：要求一步，做到三步。

扩大了“承担圈”，便放大了“成功圈”。

（4）从小事做起，小事一定要做好。不积跬步，无以至千里！

4. 团结协作：团结同事，互利共赢

（1）要以一种积极、正面、诚恳、感恩的心态与领导、同事、下属相处。要经常换位思考，尊重老同志，爱护小同志，帮助理解能力弱的其他同事。不因为隶属关系（上下级）、编制关系（是否正式员工）、业务关系（甲方乙方）歧视、轻视他人。

（2）在力所能及的情况下多帮助别人，积蓄自己的“人情”储备。

（3）多请教、多求助，每个人都有帮助别人的欲望，通过求助建立更加密切的联系。

（4）多与人合作，避免单打独斗，把事业做大。

（5）与人和谐相处，要做到“四不”：不要搞小团体；不要搞人与人的争斗；不要当面一套、背后一套；不要在背后议论别人的短处。

（6）大家在一起工作是缘分，讨论工作、表扬批评都要就事论事，不闹情绪，不搞人身攻击，不能为了抬高自己而贬低他人。

（7）不能为了避免冲突而放弃自己的观点；适当的冲突是自然而不可避免的，它能引导成员之间更加了解并增加创造性。团队不是只能有一个声音，适当的争论利于团队进步。

（8）不告密、不揭发，是一条道德底线，营造成员间相互信任的工作环境。

5. 尽职尽责：严格执行，勇于担当

（1）已经明确的事，要按照要求抓紧推进，不能等、靠、要，不能观望和拖延。很多事情，一旦过了那个时点，再去推进就很困难。

（2）责任人要尽职尽责，除了做好自己这一环之外，还有催办、督办的责任，要做好全过程的跟踪。

（3）对重复发生的事，一定要从制度和机制上下工夫，建章立制，订立流程，不能每次都“一事一议”“就事论事”！

（4）不要放过任何发生的问题。问题暴露的往往只是冰山一角，每个问题背后都有很多需要我们去探究、去思考、去解决的问题。要坚持问题导向，透过现象看本质，采用 5Why、“解剖麻雀”等方法，彻底解决问题。

（5）对异常情况的反应要快。特事特办，急事急办，不能拖拉延误。

（6）服从管理。不折不扣落实上级要求，站在上级的立场考虑问题，注意表达不同意见的方式方法。

（7）勇于担责。是自己的责任要勇于承担，不能推给他人。

6. 勤奋学习：一专多能，学无止境

（1）重在“专”。认真学习业务知识，多总结、多分析，“三人行必有我师”，每个人有每个人的长处，多向别人学习，成为本专业的专家。

（2）面要“宽”。涉及的专业面要宽，要培养系统、全面、综合分析、思考问题的能力。

（3）学“管理”。要注重管理知识的学习，形成自己工作的套路。

（4）要多总结、多思考。要多总结手头的工作；要在总结的过程中提炼、提升自己的工作思路和方法手段，在总结的过程中生成工作的成果。

（5）学习有直接的，也有间接的。要抛弃“只有培训是培训，只有学习是学习”的观念，树立“八个一切皆可学习”的理念（即一切人、书、工作、会议、活动、时间、地点、东西皆可学习），在时时、处处，向人人、事事学习，广泛吸取营养，博采众家之长。

（6）理论知识跟实际应用脱节比较大，要在学习书面知识的同时，在工作实践中开展延伸学习和深度思考。

1.4.3.3　外形

光有内在还不够，新员工还必须打磨外化表现。外形足够优秀，才会吸引他人去进一步了解你的内质，因此外在的职业素养也要重点培养。

1. 关注细节：细节决定成败

（1）第一印象很重要。

（2）文字格式。文如其人，文字的格式（WORD、EXCEL）如同人的外表，给人以第一印象。除非文字的管理或阅读方有明确要求，否则应自觉运用部门统一的文字格式。

（3）管好手机。在会议和正式活动场合，事先要自觉将手机关机或置于静音、震动状态；尽量不接听与会议或活动无关的电话，如确需接听，应尽量不影响会议或活动的正常进行。

（4）及时回复。在收到对方关于通知或告知类短信时，应主动、及时回复对方自己已收到，告知对方自己的意见建议等。工作群里有人分享信息、经验、知识、建议时，应及时表达感谢、反馈感想，以示对对方的尊重。这就像两个人对话一样，别人问你了，你得有所回复。

（5）报表或材料。在编制报表或材料时，应在领导上次已经明确的格式或提法上修改，不能每次都以自己最初的稿子为蓝本。

2. 注重共享：共享信息，共享知识

（1）注意沟通的方式方法。

（2）团队在一起工作，每个成员都要主动做好信息共享，将信息在必要的范围内尽可能多的共享。共享才能实现团队成员间的信息对称，才能充分发挥团队成员的智慧和力量，共同为推进工作出谋划策。

（3）发邮件时，收件人是邮件内容的办理方，抄送人是需要知悉的相关人员，要分清角色。

（4）萧伯纳说，“你有一个苹果，我有一个苹果，我们彼此交换这些苹果，那么你和我仍然各有一个苹果。但是，倘若你有一种思想，我也有一种思想，我们彼此交换这些思想，我们每人将各有两种思想。”

因此，要注重团队成员间的知识共享，只要人人都献出一点知识，我们每个团队都是一支好的团队，都将更容易成为一支优秀的、甚至伟大的团队。

3. 职业礼仪：言行举止，大方得体

要从着装、语言及行为上都体现出我们的职业化水准。

着装上注意穿工装，或者职业装。男生不能穿短裤、汗衫、拖鞋，女生不能穿吊带，不能过于暴露等。

1.4.4 再送职场新员工 4 句话

- 机会往往留给有准备的人。
- 要有敬业精神和合作态度。
- 培养责任、态度、形象、技能、执行力、协作精神、科学方法、学习的意识和技能。
- 谨记十多：多学习、多请教、多记录、多思考、多借鉴、多请示、多总结、多反思、多汇报、多宣传。

第2章

初入职场怎么想

2.1 职场思维之主动思维

前面我们在认识职场中提到，职场与校园的一个特别显著的区别就是校园更多的是被动接受、被动参与，而在职场更多地要主动争取、主动推进。因此，在职场上需要更多的主动思维，主动做好自己、提升能力（做学徒）；主动寻求输入、获取支援（做助手）；主动向外输出、贡献价值（做砖头）。

2.1.1 主动思维的重要性

2.1.1.1 主动思维，开启职场大门

案例：小杨和小周是同期进入公司的实习生，第一次参加公司例会，做自我介绍时……

小杨说："我的名字叫杨某某，今年23岁，毕业于某某大学，请多指教。"

小周则说："我是周某某，年龄院校与小杨相同。我大学学的是设计专业，自己本身对设计也很感兴趣，因此平时收集了大量海报、策划书模板，其中一份自主设计的平面海报还获得了某网站银奖，伙伴们如有需要欢迎找我，也期待能得到前辈的指点。"

话音未落，就听到在座有人小声说"正好正好"，果然第二天便有几人找她推荐适合的设计素材。

从案例可以看出，小周结合专业知识和需求痛点，给自己贴标签，表达主动为团队提供服务的意愿，可以为自己积累初入职场的第一波人脉，规避了新手融入期的尴尬。

2.1.1.2　主动思维，精进业务水平

新人期过后，主动熟悉业务就是职场生存的第一要义。比起被动等待，你更该关注同事们处理事务的具体方法，并以此了解标准执行流程。

案例：入职一段时间后的小金发现，自己不再享有“犯错特权”。身边的同事、前辈也都有自己的工作要忙，没有多余的精力关注小金的需求。

面对工作一筹莫展的小金决定主动寻找解决办法，结果发现自己使用的电脑里竟然藏着前任开展工作的蛛丝马迹。于是小金开始对留存资料进行认真查看、学习，再结合手边任务加以梳理、摘抄、总结，并且在遇到难点及时向前辈求教。

在这样主动寻找学习资源的情况下，小金很快上手了自己的工作，也获得了前辈和领导们的称赞与认可。

学习期的你也可以借鉴小金的做法，从以往前辈的工作记录里寻找开展工作的方法。如果要想更进一步，还可以主动承担部门会议记录或串场任务，在提升相关度、贴近业务核心的事务上多做努力。

多听多看多问，做到“眼里有活，心里有人”，你就离优秀员工不远了。

2.1.1.3 主动思维，拓宽能力外延

职场中真正的战士，敢于主动帮助别人做工作。

案例：职场金句女王杨天真在《奇葩说 7》中坦言，自己大学毕业时只拿着月薪 2500 元的工资，但当她想明白一件事时，便开启了开挂的人生。

她说：“我所有的时间都想花在自己的身上，当我完成本职工作以后，有空就去问所有伙伴，有没有需要我帮助的地方。”

常规意识中，“自身”与“他人”似乎总站在对立面，其实不然。不是你工资低就该少干活，而是更该在主动协助他人的过程中为个人创造绝佳的实践机会，以求进步。

这种“不满足”，恰好是拉开普通员工与优秀员工能力差距的核心所在。忠于但不局限于本职，成为负责又主动的人，才能实现高速提升。

2.1.2 如何成为主动型职场人

主动思维的体现从面向对象的角度来说，可以分为个人自身的主动、对内输入的主动和对外输出的主动三个方面。

2.1.2.1 主动做好自己

从自身角度来讲，我们要主动提升、做好自己。不管是学习、工作还是思考，都要培养主动意识。

1. 主动学习

学习是职场行稳致远的基础。学习是动力、态度、方法、效率，以及创新思维和创造能力的综合体。职场主动学习，主要在于强化学习的“五力”，即学习的动力、毅力、能力、效力和转化力。

（1）强化学习动力。强化学习动力，需要给自己树立明确的目标，既要有长远的“大目标”，也要有眼前的“小目标”。“大目标”引领方向，让我们时常体会努力的意义；“小目标”激励行动，让我们及时感受学习的快乐。

举例来说，学习动力常常来自以下几个方面：

- 设立具体目标。例如“我要学习 PS”这个目标和“我要在一个月内，学会用 PS 设计海报”相比，后者对学习会更有作用。
- 设置截止日期。例如将“今天要读 30 页书”改为“今天晚上 7 点前要读 30 页书”，通过设置最终期限的方式让自己产生压迫感，从而提升动力。
- 危机意识。设立标杆，与之进行比较，当自己懒惰时想象自己的竞争对手正在努力学习，就不愿荒废每一分每一秒，落于人后。

- 适当奖励自己。当你最终成功设计出一份海报，或看完一本书，或听完一次课，或完成一篇学习心得，你会发自内心地感受到满足，这时可以适当给予自己奖励，如享受一顿美食、开启一次短途旅行等，让自己身心都能获得愉悦，更好地产生下一阶段继续努力学习的动力。

（2）强化学习毅力。有了动力还不够，还要把动力长期维持住。

树立坚定的学习信念，并且在实践中学习，找到共同学习的伙伴，及时分享自己的学习成果和心得，一起打卡学习任务，共同进步、互相督促，可以更好地提高学习的毅力和持久性。

（3）强化学习能力。用善于发现的眼睛去寻找问题，在解决问题的过程中积累经验，在学到经验之后及时运用。在一次次地完成这样的闭环后，学习能力就将得到很大提升。

（4）强化学习效力。带着任务去学习，有的放矢。

在学习过程中合理利用工具，如思维模型、学习平台、各种阅读软件等，与时俱进，节约时间，提高学习效力。

（5）强化学习转化力。在实践中思考与学习，边学边做，边做边学，以输出倒逼输入，以运用知识来强化对学习内容的记忆，以学习内容更好地指导实践应用，两者相辅相成，互相促进。

做好职场的主动学习，还需要从学习内容、学习对象、学习方法上下工夫。

从学习内容来讲，职场中的主动学习不仅要学当前要用的知识，还要学未来可能要用到的知识；不仅要学专业知识、管理知识，还要学职场规则等等。

从学习对象来讲，不仅要主动向身边的同事学习，更要向领导、前辈、带自己入门的师傅、给自己上课的老师学习，遇到问题和困难要主动询问，寻求解决方法；解决了问题和困难之后，还要主动拓展，主动精进。

从学习方法来讲，对于陌生的知识领域，要主动去探索。凡事都有第一次，新知识如果一直不去学，那就永远是新的、陌生的；而当你主动迈出第一步，去接触之后，你会在一次次的学习中愈加了解这门知识，直至将其完全消化，为己所用。

2. 主动工作

职场新员工要主动做好工作，首先要提高自身的执行力。企业的战略与计划能否完美实现，规章与制度能否完美落实，具体的工作任务能否按时保质完成，都要靠员工的执行力。

职场新员工可以从以下四个方面提高自身的执行力：

（1）明确目标，根据目标制订计划。领到一项工作任务时，首先需要弄清楚目标和边界（可借助 SMART 模型），然后结合实际拆分目标，日拱一卒、勤奋努力、坚持不懈、力争突破、追求卓越。

Tips：SMART 模型

SMART（S=Specific、M=Measurable、A=Attainable、R=Relevant、

T=Time-bound）可以帮助员工合理地制定目标，继而在目标指引下更加明确高效地工作，其内容为：

- 目标必须是具体的（Specific）；
- 目标必须是可以衡量的（Measurable）；
- 目标必须是可以达到的（Attainable）；
- 目标必须和其他目标具有一定的相关性（Relevant）；
- 目标必须具有明确的截止期限（Time-bound）。

SMART 模型不仅适用于制定团队目标、个人目标，还适用于制定生活目标、学习目标。在制定过程中遵循上述原则，可以让你的目标更合理、更明确。

（2）保持信心，学会抗压调节情绪。每天进步一点点，每实现一个“小目标”，及时给予自己阶段性激励，这有利于缓解压力、增强信心、维持自律、创造更加良性的循环。

同时，要学会自我调节，增强抗压能力，更好地将压力转化为动力、将动力转化为执行力。

（3）严格要求，杜绝拖延懒惰情绪。立刻开始自己的工作，“今日事今日毕”，不把任务留到明天。纠正“差不多”心态，严格要求自己，精益求精，把每一件事、每一项任务都做完、做好。

（4）管好时间，及时汇报工作进度。按照时间管理四象限法则对自己手头的工作进行梳理，排出计划表，到什么时间就做什么事，避免无序和慌乱。记得将自己的工作成果数据化，便于在工作中及工作完成后向上级汇报。

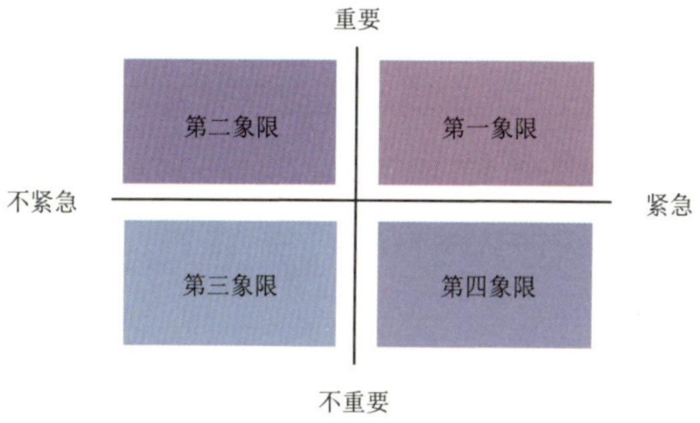

除了主动提高执行力以外，主动工作还体现在：

不要事事等人交代，职责内的工作要主动推进，跟踪流程。

工作遇到问题要主动查找解决方法并妥善解决。

工作上有困难时要主动求助，寻求外部资源和支援。

执行工作任务时要主动闭环，事件以有定论为终点，而不以交出去为终点。

工作完成后要主动复盘，对重复性的问题进行梳理和优化，为后续自己或他人解决这一问题贡献自己的智慧。

由此可见，工作中的方方面面，大到每个项目、每个任务，小到每个环节、每个细节，都需要培养主动思维。

3. 主动思考

职场中，有许多人每天都被大量的低效劳动占据着时间，虽然他们行动上非常勤奋，即使“996”也任劳任怨，但思想上却非常懒惰，工作方式往往日复一日、年复一年，没有任何改变，更谈不上突破与创新。

这就是典型的“以战术上的勤奋掩饰战略上的懒惰”，对个人、对企业都危害极大。究其原因，就是因为他们缺乏主动思考的能力，缺乏从思维层面主动改变的意识，往往沉醉于“汗滴禾下土”式的努力，沉醉于简单的低效体力叠加。

案例：《买土豆的故事》

张三和李四同时受雇于一家店铺，拿同样的薪水。一段时间后，张三青云直上，李四却原地踏步。李四想不通，老板为何厚此薄彼？

老板于是说：“李四，你现在到集市上去一下，看看今天早上有卖土豆的吗？”

一会儿，李四回来汇报：“只有一个农民拉了一车土豆在卖。”

“有多少？”老板又问。

李四没有问过，于是赶紧又跑到集上，然后回来告诉老板：“一共40袋土豆。”

“价格呢？”

“您没有叫我打听价格。”李四委屈地申明。

老板又把张三叫来：“张三，你现在到集市上去一下，看看今天早上有卖土豆的吗？”

张三也很快就从集市上回来了，他一口气向老板汇报说：“今天集市上只有一个农民在卖土豆，一共40袋，价格是两毛五分钱一斤。我看了一下，这些土豆的质量不错，价格也便宜，于是顺便带回来一个让您看看。”张三边说边从提包里拿出土豆，“我想这么便宜的土豆一定可以赚钱，根据我们以往的销量，40 袋土豆在一个星期左右就可以全部卖掉。而且，咱们全部买下还可以再适当优惠。所以，我把那个农民也带来了，他现在正在外面等您回话呢……”

职场中，那些不会主动思考、按一下按钮才动一动的机械性员工，很难得到领导的欣赏与重用。

职场新员工在工作中尤其要注意，工作并非简单地执行领导的指令，你还必须学会主动思考，多动脑筋，想一想如何才能将工作做得更好，有什么需要改进的地方，怎样才能让效率更高等等。

此外，在获取信息时也要带着主见，不要盲从，遇到不了解的内容不要急着下论断，更不应人云亦云，而应先通过查阅资料完善自己的知识结构，然后再得出自己的观点，长此以往，培养自己的主动思维。

2.1.2.2　主动寻求输入

主动寻求输入包括以下几点：

1. 主动寻求帮助

工作上遇到困难了，在自己尝试多种可能的方法后，不要羞于开口，要主动去寻求帮助。相信基于大家对职场新员工的包容和理解，一般都会提供帮助。你要做的是珍惜大家愿意帮助你的这一时段，抓紧学习，快速成长。

懂得求助也是一种智慧，因为从人性的角度来看，每个人都渴望被需要，求助既是对 ta 的认可，也是建立连接的方式。因此，适当地求助别人，也能给对方被需要的价值感。

案例：性格一向独立的小沫在进入职场后遇到了不少的困难，不过大多数时候，小沫不服输的精神和不好意思麻烦人的性格都让她选择自己一个人咬牙承受压力，自己解决问题。

但是这次的问题确实超出了小沫的能力范围。在尝试多种可能的办法无果后，小沫给自己做了不少心理建设，深呼吸好几次给自己加油打气，然后红着脸向身边的王姐请教。没想到意料之中的嫌弃和不耐烦根本没有出现，王姐不仅很积极地帮助小沫解决了这个问题，还跟小沫说，新员工就是要敢问敢做敢闯，小沫能主动向她求助也是一种进步。

经过这件事后，小沫也慢慢卸下了心里的防备，遇到自己无法解决的问题，能主动求教有经验的前辈，不仅工作效率提高了，自己也从前辈那里学到了很多专业知识和处理问题的方法。

2. 主动寻找资源

有时候一些事情别人不知道你需要，这种情况你就要主动寻求资源，让这些资源“为我所用”。这样的资源各式各样、无处不在，常见的包括：人（人脉、渠道、连接）、机（工具）、料（原料、材料）、法（机制、方法）、环（政策、环境）等等。查找过往类似事件的处理经验、相关任务的执行流程、同类项目的对接资源、工作难题的突破路径等等，都是通过寻找资源为自己服务。

案例：某公司组织了一场全省范围内的管理咨询培训，邀请了清华、北大的教授、博导及某知名公司资深顾问等优秀人士来进行授课。

参与培训的人员大多都很珍惜这次机会，在课上认真听讲，积极思考，勤奋笔记。然而，这还不是最努力的，让我们看看初入职场的小陈做到了什么程度吧。

课间，大多数人都抓紧时间休息、玩手机、吃点心或上厕所。小陈找准时机和周围的人进行沟通，一方面了解对方的情况，建立自己的资源和人脉；另一方面宣传自己所在公司的业务，主动提出和对方加微信好友，以便后续能有机会向对方提供更好的服务。

这还不够。课后小陈觉得老师讲课非常有水准，同时也意识到老师的资源（包括老师所处职位、擅长的专业、就职单位的性质、掌握的人脉和信息等）对其发展业务来说也是一个新的链接渠道，于是又一次发挥主动意识，瞅准老师整理上课资料正准备离开的间隙，上前说明来意，主动加上了老师的微信，还顺便拿到了本次培训的完整版课件，可以说是收获满满。

3. 主动争取机会

有句话说得好，“机会只留给有准备的人”。事实上，有准备还不够，你还需要主动出击去争取。如果不争取，即使你做了再多再充分的准备，机会还是有很大可能和自己擦肩而过。

案例 1： A 公司接到了一个项目，准备让小赵、小钱、小孙来跟进。得知消息的小李在周全考虑后主动向领导提出，他也希望能参与这一项目。

小李给出的理由是：他之前从事过类似的项目，有一定的经验；其次他最近一段时间都在做该项目相关的准备工作，不管是心理上、知识储备上还是能力上，他都有一定的把握；最后，他和开展该项目的其他三人平时工作上也有往来，一起参与可以促进同事间关系，相信经过项目上的磨合以后可以更好地合作。

在小李有理有据、既有所准备又积极主动的情况下，领导最终将机会给予了小李。事实证明，小李的主动和领导的决策都是正确的。在小李的加入下，项目进度比预期快了近一个月，能提前完成任务的小赵、小钱、小孙轻松了不少，和小李的关系也拉近了许多。小李通过自己的主动，得到了领导的认可，学到了很多知识，充分地展示了自己，还促进了自己的人脉，可谓一举多得。

案例 2： B 公司最近接到了一个棘手的项目，对方项目负责人不仅是业内有名的“臭脾气”，而且项目利润也不是很高，因此公司里知道情况的人基本都避之唯恐不及，在公司项目部门的例会上，主管提到这个项目时，大家都低头不语或左顾右盼，没人愿意接手。

就在这时，小刘主动提出，让他来试试。主管松了一口气的同时也赞许地点了点头。周围人都投来了同情的目光，甚至还有不少同事用看傻子一样的眼神看着小刘。

会后，和小刘关系比较好的小黄拉住他，跟他讲清了项目背后的这些事情，但小刘却说："谢谢你的关心，其实这些我都知道。但是一方面，项目总有人要做，我希望我的主动能为公司发展解决难题；另一方面，越是棘手的项目对我来说越是挑战和磨炼，如果这次项目我都能成功做好，那后面我也就更能胜任其他项目。"

在小刘主动争取机会拿到项目后，他凭借着自己的业务能力和沟通技巧获得了对方"臭脾气"负责人的高度认可。任务完成后这位负责人向 B 公司领导表示，虽然这次项目金额不高，但是近期还有几个高额项目，他希望能继续和 B 公司合作，并且指定要小刘对接。B 公司领导也通过这件事对小刘刮目相看，不仅在会上公开表扬小刘的积极主动，号召大家向小刘学习，还对小刘进行了相应的嘉奖。

2.1.2.3　主动做好输出

1. 主动沟通

职场的沟通主要包含两个方面：一是与别人沟通时，表达清晰且理解充分；二是情商高，会说话。

接受任务时主动问明白。要主动跟领导明确任务的目的、内容、要求、边界（可以使用 8W3H1O 模型），一次性将重点疑点难点沟通完毕。不要稀里糊涂领了任务就开始做，遇到问题就去问，问多了领导会烦。做到一半去问，问完发现自己做得不对，白费自己的工夫不说，还可能会影响任务的完成，给领导和团队造成被动情况，结果可想而知。

工作过程中主动多汇报。要及时主动地反馈任务当前进展情况，让领导保持对工作的掌控感，如果等到领导主动询问再汇报，自身在领导心目中已经被“扣分”。汇报时要清晰表达、言简意赅、突出重点，尽量结论先行，论据在后，先汇报领导关注的内容，再根据情况说明形成结论的原因或过程。

交接任务时主动说清楚。站在对方的角度，把自己想告诉对方的、对方想知道的，都毫无保留主动交代清楚，并确保对方理解和掌握，避免给别人挖坑，给自己“丢分”；后续工作过程中也应主动询问对方工作进展、有无需要帮助的，给自己的人情账户多“存款”。

2. 主动帮助别人

虽然我们是初入职场的新员工，但并不意味着我们无法帮助别人。怀着一颗乐于助人的心，眼里有活，多主动去帮助别人做一些力所能及的事，比如做一些新媒体、新工具方面的协助，甚至协助做一些体力活，拉近与同事的关系，获得大家的好评与点赞，也收获自己内心的满足与快乐。

3. 成就别人的主动

当需要别人的支援、资源或配合时，应提前与对方沟通，第一时间与之对接，让对方有充足的时间进行安排协调，将我们的事列入他们的计划，避免打乱对方的节奏。否则，我们临时提出需要协助，要么别人不能及时响应，要么会让别人很难受，给自己“丢分”。

4. 让别人成就我们的主动

不管在公司中处于什么岗位，做着什么样的工作，都需要和上下游各环节进行对接。前面我们说，在需要别人配合时，要提前打好招呼，让对方早做准备。同样的，工作中也应主动跟可能需要我们配合的环节对接，主动了解对方需求，第一时间将相关任务和事项纳入自己的计划安排，主动工作，避免被别人打乱节奏。

2.2 职场思维之清单思维

清单是我们熟悉又陌生的工具，在我们平时的工作、学习和生活中，随处可见清单：开始一天的工作前要先列出今日的 To Do List（待办清单），翻开书本学习前要先列出本次学习的计划，去超市购物前要先列一份购买清单……即使是在电影《中国机长》里，工作经验丰富的乘务员们在执行“关舱门”这一日常动作时，也依然要有人在一旁读着指令清单，一边操作一边确认。

（图片源自电影《中国机长》）

那么，到底什么是清单思维，我们为什么要借助清单来做事，又该如何培养清单思维、正确高效地使用清单呢？

2.2.1 什么是清单

关于清单的几个概念。

1. 清单表达方式

清单是一种表达方式，呈现的是一些具有逻辑关系的事务。如呈现“列举关系”的待办事项清单，呈现“举例关系”的文档格式要求清单以及呈现“总结关系”的周报、月报清单。

2. 清单思维

清单思维则是一种思维方式，遇到事情，都会第一时间想到通过清单来解决。

3. 清单管理

清单管理是一种管理方式，用清单的方式管理工作、生活中的事务。

2.2.2 清单的作用

不同的清单有不同的功能。根据清单的使用特点，可以将工作、生活中的这些清单总结归纳为两种形式，一种是需要我们付出行动的操作型清单，一种是我们只需必要时刻查看的罗列型清单。

2.2.2.1 记忆外包（操作型 - 执行清单）

好记性不如烂笔头。如果事前将要做的事项做成清单，可以避免遗漏，从而杜绝“无能之错”的发生。

比如，待办清单。

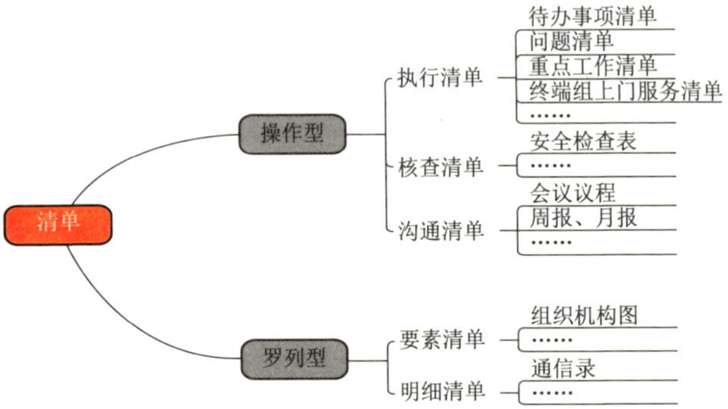

操作型和罗列型的清单各有其特色和作用。

2.2.2.2 纠正偏差（操作型 - 核查清单）

用于对照检查执行情况，及时发现并修正偏差。

比如，检查表。

2.2.2.3 共享信息（操作型 - 沟通清单）

通过清单，让团队成员实现信息对称，便于大家相互监督、相互提醒、沟通协作。

比如，周报。

2.2.2.4 抽象到具体 / 可视化（罗列型 - 要素清单、明细清单）

把信息按照一定的方式罗列，方便查阅和使用。

比如人员信息表、通信录。

2.2.3 清单的主要表现形式

2.2.3.1 陈列式 VS 图表式

一说到清单，工作、生活中最常见表现形式主要包括陈列式和图表式。

陈列式，格式简单，可供发挥的空间有限。

图表式，形式可根据个人习惯、喜好等个性化制定。

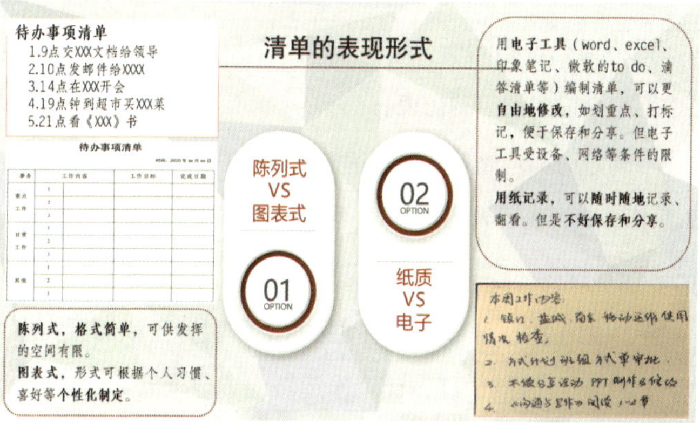

2.2.3.2　纸质 VS 电子

用电子工具（Word、Excel、印象笔记、微软的 to do、滴答清单等）编制清单，可以更自由地修改，如划重点、打标记，而且便于保存和分享。但电子工具受设备、网络等条件的限制。

用纸记录，可以随时随地记录、翻看，但不便于保存和分享。

2.2.4　清单的编制与执行

了解关于清单的基本概念后，我们应当如何在实际工作中编制及执行清单呢？

2.2.4.1　编制、执行原则

（1）抓取关键。抓住关键步骤、主要信息，让它们在任何时候都不被忽略。这是实现记忆外包的保证，也是关键时刻纠正偏差的前提。试想，如果把自己一天24小时所有的行动都记录在待办清单上，如果将自己家里的所有物品都罗列在自己的旅行物品清单上，这显然不符合设置清单的初衷。

（2）高效可测。高效强调清单的可操作性，要以好用为出发点；可测要求清单的条目内容指向要具体，使用的成效要便于观测，并据此进行改进。

（3）权力下放。通过清单明确大家的职责分工和执行要求，让每个人担负起自己的责任，让工作运转由“自上而下，管理驱动”转变为“自下而上，自动自发”。

（4）以人为本。清单制作、使用的出发点和落脚点都是服务于人。特殊情况下，解决问题依然需要使用者的随机应变，不能完全依赖清单。

（5）持续改善（自我进化）。再完善的清单也会随着时间的推移、条件的变化而与实际脱节，需要根据变化情况持续完善，才能保证清单可用、能用、好用，大家喜欢用、放心用。

2.2.4.2　注意事项

（1）力量有限。清单并不是万能的，没有一张清单能涵盖所有意外情况。即使清单再科学、再完善，人不执行，清单也只是一张纸而已。

（2）正确使用。清单需要在正确的时间、正确的场合由正确的

人执行。三者缺一不可。举个极端的例子，你不能要求一个从来不做家务的人在凌晨按照你的清单来做家务。

（3）实用为主。清单是为解决问题而生的，不能脱离现实，要讲求“最佳剂量”，要能起到积极的引导或参考作用。

（4）循规蹈矩。有些人会以“清单会让我循规蹈矩”为由，拒绝使用清单。清单没有这么大的“魔力”，如果在编制、执行清单的过程中，始终坚持以人为本的原则，清楚编制、执行清单本身的目的，它就不会成为限制你行动的工具。

（5）浪费时间。也许有人会说，制作清单，会浪费宝贵的时间，也没有时间去做。在抱怨“制作清单浪费时间”之前，需要你花费时间和精力去制作一份真正有效的清单。清单不是什么“大作”，任何人都有能力在一个小时内完成一份属于自己的行动清单。

（6）高手无需清单。有些人排斥清单的原因是觉得自己记忆力好，不需要清单的帮忙也可以活得很好。然而，人的记忆是有限的，对于自己计划要做的事情以及为完成的事情，在经历一段时间也可能忘记，如果没有清单的指引，再强的大脑都会出现“失误”。

2.2.4.3　典型的清单案例

（1）某公司新员工编制的自用任务清单。

（2）班组周工作计划清单模板。

（3）会议 / 活动衔接清单模板。

（4）会议记录与分析研判清单模板。

某公司新员工编制的自用任务清单如下：

任务分类	序号	具体事项	时限	完成	任务分类	序号	具体事项	完成时限	进度
重要&紧急	1	完成《××会议纪要》交给××主任	10点前	是	重要&不紧急	1	准备华为HCIA认证考试	7月底	20%
	2	××变编写三措一案、检修票提交审批	17点前			2	整理××变空芯测试资料	不确定	70%
	3	××××××××				3	××××××××		

任务分类	序号	具体事项	时限	完成	任务分类	序号	具体事项	完成时限	进度
不重要&紧急	1	领取班组工会奖品并发放	上午		不重要&不紧急	1	调整打印机设置		
	2	参加××讲座	14—15点			2	××××××××		
	3	××××××××				3	××××××××		

班组周工作计划清单模板

部门班组××年第×周工作计划清单（×月×日—×月×日）

序号	工作内容	预计完成时间	预期输出成果	负责人	配合人	困难、风险、注意事项提示	到岗到位要求（需要的填入具体人员名字）	宣传要求（需要宣传的标注“是”）	备注（来源、重要性等）
1									
2									
3									
…									

说明：

（1）场景：用于班组周计划管理。

（2）作用：通过一张清单，掌控各方对班组工作的要求，实现安全、宣传报道要求与周工作同计划、同推进、一张皮；把控班组周工作目标、进度、特殊事项；集中团队成员智慧和力量，大家相互督促、相互提醒、沟通协作。

××班组 2020 年第 27 周工作计划清单（7 月 6—10 日）

序号	工作内容	预计完成时间	预期输出成果	负责人	配合人	困难、风险、注意事项提示	到岗到位要求（需要的填入具体人员名字）	宣传要求（需要宣传的标注“是”）	备注（来源、重要性等）
1	33 个站点调度电话改造方式安排	7 月底前	PCM 设备承载的调度电话割接至 IAD 设备上	×××	×××	注意事项：电话“2”字头全部改为“5”字头，注意调度电话方式单的编制下达工作	无	无	重点工作
2	500kV 及以上保护安控业务梳理	7 月底前	形成安控业务清单	×××	×××	注意事项：校对清单数据准确性	无	是，宣传主题：500kV 及以上保护安控“一本账”梳理	重点工作
3	××系统性能监测系统日常维护	7 月 5 日	配合财务管控一级检修	×××	×××	注意事项：对所有被监测系统的功能点进行梳理和二次确认	无	无	重点工作
…									

会议 / 活动衔接清单模板

（会议 / 活动名称）衔接清单

时 间	内 容	衔 接 工 作	责任人	配合人
时间节点 1	议程 1	该议程启动前准备事项、启动条件，该议程需要从事的工作任务，该节点需要为下一个议程做的准备或提示		
时间节点 2	议程 2	…		
时间节点 3	议程 3	…		
…				

说明：

（1）场景：用于议程较多、涉及配合事项和人员较多、衔接复杂的会议或活动。

（2）作用：通过一张清单，便于会务人员或活动组织人员明确职责分工、具体任务、衔接方式和执行要求，做到互相提醒、互相补位，确保会议 / 活动没有漏洞、任务没有漏项、人员没有缺位，衔接有序、圆满完成。

××共读分享活动衔接清单

<table>
<tr><th>时间</th><th>内容</th><th>衔　接　工　作
（该议程启动前准备事项、启动条件，该议程需要从事的工作任务，该节点需要为下一个议程做的准备或提示。）</th><th>责任人</th><th>配合人</th></tr>
<tr><td rowspan="4">活动
前一周</td><td rowspan="4">准备工作</td><td>1. 联系物业准备大屏、联系终端组接入测试</td><td>×××</td><td>×××</td></tr>
<tr><td>2. 联系摄影摄像人员</td><td>×××</td><td></td></tr>
<tr><td>3. 联系办公室准备席卡、白纸、白板、白板笔、磁贴</td><td>×××</td><td>×××</td></tr>
<tr><td>4. 布置会场（沙发、桌椅、席卡、话筒、翻页器）</td><td>×××</td><td>×××</td></tr>
<tr><td rowspan="9">活动当天</td><td>暖场</td><td>14:45 开始播放 PPT 及背景音乐</td><td>×××</td><td rowspan="7">×××</td></tr>
<tr><td>开场</td><td>背景音乐降低</td><td>×××</td></tr>
<tr><td rowspan="2">读书分享环节</td><td>1.××× 作主题分享；××× 点评；结束后，撤掉移动屏</td><td rowspan="4">×××</td></tr>
<tr><td>2.××× 作专题分享；××× 作专题分享；各组代表分享</td></tr>
<tr><td rowspan="2">清单应用环节</td><td>1.××× 宣读完情景并及时开始后，将白板移至屏幕前</td></tr>
<tr><td>2. 三个组分享完，××× 点评结束后，将白板移至屏幕左侧</td></tr>
<tr><td>总结</td><td>××× 总结，屏幕背景切换至 PPT 首页</td><td>×××</td></tr>
<tr><td>收拾会场</td><td>所有设施归位，并送还借用物品</td><td>×××</td><td rowspan="2">×××</td></tr>
<tr><td>新闻宣传</td><td>撰写新闻稿，对接党建部其他平台宣传要求</td><td>×××</td></tr>
</table>

会议记录与分析研判清单模板

会议时间：× 年 × 月 × 日　　会议地点：　　主持人：　　记录人：

会议主题：

参会人员：列出人员信息（根据需要列出所属单位 / 部门）

序号	研讨事项	会议明确事项 （主要包括进度安排、任务分工、资源需求和其他）	备注
1	事项 1	针对新任务，填写进度安排、任务分工、资源需求和其他事项具体要求。 针对已有任务，填写进度安排、任务分工、资源需求和其他事项调整变化情况	此处填写会议明确可以提供的资源（如会议主持人承诺待 ta 协调后再推进），或记录人对此项要求的分析研判（如困难、风险等）
…			

说明：

（1）场景：用于记录会议需要本人协调或本人回去汇报上级协调落实的事项 / 要求，其他事项不记录，没有需要协调落实的事项 / 要求不记录。

（2）作用：通过一张清单，便于参会人员在会场完整记录、会议结束后完整汇报会议研讨事项及任务要求；便于上级完整了解有关情况，分析研判，及时作出安排部署或沟通反馈；也便于事后与参会有关方面进行沟通举证。

会议记录与分析研判清单

会议时间：2020 年 6 月 29 日 14:15—16:00　　会议地点：×× 会议室

会议主题：科技创新管理系统项目推进会　　主持人：××　　记录人：××

参会人员：列出人员信息（根据需要列出所属单位 / 部门）

（××× 部）×××、×××、×××、×××

序号	研讨事项	会议明确事项 （主要包括进度安排、任务分工、资源需求和其他事项的具体要求或调整变化情况）	备注 （填写会议明确可以提供的资源、其他事项，或记录人的分析研判）
1	设计开发 （进行中）	时间：2020 年 6 月 分工： （1）承担 ×× 项目管理与成果转化模块设计开发工作（×× 单位）。 （2）提供 ××，支持系统部署以及版本迭代工作（×× 单位）。 要求： （1）部分功能开发完毕后，需要开展稳定的用户试用，会产生实际生产数据，这部分数据不可丢失。 （2）希望采用迭代开发方式，版本更新会较为频繁	注意事项：需分析如何保证稳定的用户试用

2.2.5　清单的使用成效

知道了编制清单的方法以后，相信你已经对清单有了更深入的了解。那么使用清单之后到底会带来哪些积极的影响和作用呢？

（1）捍卫安全与正确 / 避免风险和威胁。清单提醒我们不要忘记一些必要的步骤，保证不遗漏问题、不跳过步骤，解决随时可能出现的困难和意外，避免“无能之错”的发生。清单的制定也会让我们做起事来更具系统性，即使身处复杂的世界，也有精力和时间应对所有事情，过上安定、有序的生活，也降低风险和威胁带来的损害。

（2）系统决策。清单能够帮助人们在做事过程中每一步都尽力保持冷静和睿智的头脑，确保在必要的时候得到所需的重要信息，系统地进行决策，实现利弊权衡。

（3）充分沟通。清单可以帮助组织一个井然有序的团队，保证团队对困难和意料之外的问题进行充分沟通，充分交流，从而发挥团队的智慧，避免严重问题的发生。

（4）提质增效。精心设计的清单会帮我们节省有限的脑力，不让我们的头脑被繁杂的检查项目所占据，而是让我们解放出来处理更加困难的问题。运用清单思维，能够节省我们思考的时间，帮助和提高我们的思考效率。有了清单的存在，我们还可以按照自己的想法，挑选最合适的时间去完成某件事，这样更能保证做事的效率。

（5）目标导向。清单可以是我们人生的导航装置，让我们想到哪里就到哪里。只有将目标写下来，使之成为一种应负的责任，才能完成想做的事。当我们变成了一个“清单控”，就会发现，不仅我们的思考方式改变了，连我们的人生轨迹也会朝着一直期待的方向发展。如果没有高效的清单指引，我们会很容易迷失在忙碌的假象中。

（6）心理疗愈。借助清单对必要的事项进行逐条管理，扎实推进手中的工作，对进度进行控制和检查，让失误率降到最低，这样就会减少我们的焦虑。清单在帮我们打理事务的同时，还会让我们产生安全感。列清单就像“打通一条路，让累积的情绪流泻一部分出来”。把心事“卸货”到清单上，可以让我们注视着它，不用费力去记它。清单的角色就像按摩师（帮我们减压）、严格的教练（督促我们完成工作），以及救生员（避免我们出事），让我们面对任何状况都可以胸有成竹。

清单最终能够带给我们什么，取决于我们最初制定它的目的以及如何制定和执行它。使用清单后，如果我们的工作和生活没有因此而得到改善，那么就需要思考问题出在哪里，并及时改正。这也说明，使用清单的过程，其实也是一个不断规避问题、发现问题、改正问题的过程，有助于我们提高质量和效率，改善工作和生活状态。

2.3　职场应有的习惯及培养方法

你早上起来做的第一件事是什么？

是先洗脸还是先刷牙？

你每天上班走什么路线？

你到办公室时，是先看邮件，还是和同事聊天，又或者直接写备忘录？

你多久运动一次？

晚上你几点入睡？

……

每个人的答案都不尽相同。但在你的答案之中就蕴涵着你的习惯。

我们每天做的大部分选择可能会让人觉得是深思熟虑决策的结果，其实并非如此。人每天的活动中，有超过 40% 是习惯的产物，而不是自己主动的决定。虽然每个习惯的影响相对来说比较小，但是随着时间的推移，这些习惯综合起来却对我们的健康、效率、个人经济安全以及幸福有着巨大的影响。

下面一起来分析职场人都有哪些应有的好习惯，以及职场优良习惯的培养方法。

2.3.1　什么是习惯

简单来说习惯就是自然而然的行为，不用多加考虑。当你的思维与潜意识中已经培养了某一习惯，你就会不知不觉地作出相应的行为。

《现代汉语词典》对习惯的解释是："在长期的过程中逐渐养成的，一时不容易改变的行为、倾向或社会风尚。"根据《辞海》的解释，习惯是"由于重复或练习而巩固下来的并变成需要的行为方式。"《中国大百科全书》将习惯定义为"习惯是社会生活中，长期实践而形成的为人类共同信守的规则。"

国内外很多学者也从不同的角度给习惯下了定义。台湾学者王伯琦认为："习惯为社会一般人关于同一事项反复继续为同一行为而成立之行为准则。人有模仿性，关于某一事项，反复继续而为之，行之既久，即成为一种共同之行为准则。"美国学者詹姆斯·C·卡特认为："习惯最简单的定义就是相同环境下所有人行为的一律性（the uniformity of conduct）。"美国学者约翰·奇普曼·格雷则认为："习惯应该是一个普遍性的实践，而不是社会中人们应当做什么的意见。"古希腊哲学家亚里士多德指出："人的行为总是一再重复，因此卓越不是单一的举动，而是习惯。"美国管理学家史蒂芬·柯维认为："习惯是一贯的，是知识、技巧与意愿相互交织的行为结果。"

从上述结论中我们可以发现习惯主要与以下关键词有关："相同环境下的所有人""长期""反复""实践""一致性""行为准则"。

可见从一般语义学上来看，习惯主要是指一种个人或集体通过长期实践形成的行为方式。

通常习惯应具有环境这个约束条件，即按照相同环境来划分主体的集合或群体，不同环境下的群体可能对行为方式的一致性有不同的需求，如职场环境下的习惯应该是有利于职业工作的一类行为规范。

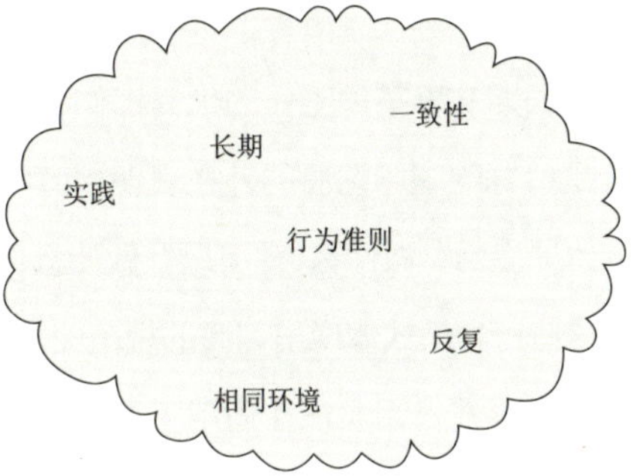

综上所述，我们可以对职场中的习惯作如下定义：

职场习惯是职场环境下的工作人员基于长期、反复的实践行为体现出来的一致性所形成的职业行为准则。

2.3.2　习惯的特性

知道了习惯和职场习惯的定义后，再来看看习惯有哪些特性。

（1）习惯具有长期性。习惯的长期性是指主体在较长时间跨度中的行为实践。习惯的长期性是习惯的一种基本属性，只有长期的反复行为实践才可以被定义为习惯，也才可以参与构建或者改变主体的个性特质，短期的偶发性行为并不具备改变主体特质的能力。

（2）习惯具有规范性。习惯的规范性首先是指习惯对主体行为具有指导和预测等功能，因为习惯通常是主体无意识地多次重复，或者是有意识地反复实践的结果，反映了主体自动去进行某些活动的倾向。其次，习惯的规范性还指习惯代表了在集体中大多数主体所追求的行为模式。

例如，职场中长期从事某项工作的优秀工作者所固有的言谈举止、行为规范等是良好的职场习惯的外在表现，可以在一般意义上定义职场中的主体“应当”做什么、“可以”做什么，对多数主体具有指导作用，由这些行为模式体现出习惯的规范性。

（3）习惯具有边界性。习惯往往适用于相同环境下的一般主体或一定集体的成员，也就是说习惯往往只适用于按照特定标准划分的特定人群，具体来说习惯往往具有地域性、行业性等等边界特征。这里的边界性主要不是指习惯在适用范围上的狭窄性，而是指习惯的适用主体具有相对的特定性，而不是像法律一样适用于一般主体。

（4）习惯具有灵活性。习惯的灵活性源于习惯是一种实践性的存在，因此无论是主体个人还是集体的习惯都不是一成不变的。在实践中产生的习惯其首要任务在于促进集体成员间交往的便利和利益的增加，因此何种规则有利于该目标的实现，习惯往往会朝该目标进行演化。

2.3.3 为什么要培养职场习惯

现在我们对习惯及其特性有了一定的了解，那么为什么要培养职场习惯呢?

（1）优秀习惯促进适应职场。在职场中，优秀的习惯能够使人有效提高工作效率，或促进与同事之间的交流协作，加速融入职场环境，从而克服主体自我与团队、环境之间的不适应，使自己成为职场所需要的优秀人才。

（2）不良习惯触碰职场禁区。通常主体在进入职场时，由于自身过度自我、混淆工作与生活状态、没有得到有效指导等原因，往往会将一些不良习惯带入职场中，例如消极被动、办事拖沓、本位主义、惰性等等。这些习惯往往会对工作带来不利影响，甚至会给周围同事造成麻烦，容易触碰到职场中的禁区，我们应尽量避免。

职场习惯相关概念

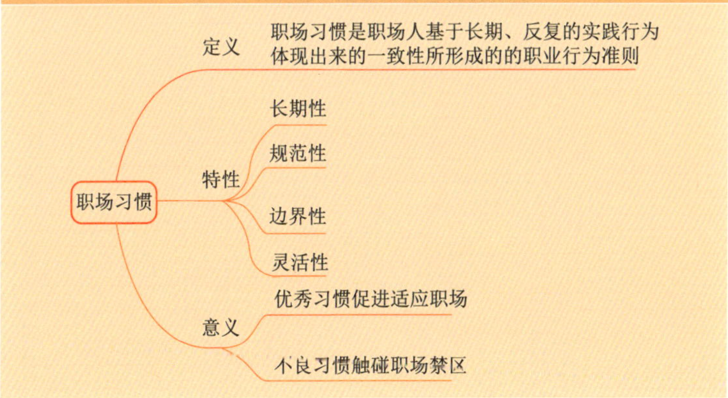

2.3.4　职场习惯分类

经过上述对于职场习惯系统性的分析和思考，为了更好地研究习惯在职场中的应用情况，解决实际工作中的具体问题，我们总结了一系列职场中经常用到的重要习惯，并采用结构化的方式将其归纳为如下四个类别。

2.3.4.1　思维习惯

思维习惯作用在认知层面，是指大脑中处理信息、在面对问题时如何理解问题并给出解题思路的习惯。良好的思维习惯可以使人在面对问题时不被表象所惑，深入洞察原因，分解问题并采取正确的处理方式。

职场中常见的优秀思维习惯见下表：

习惯名称	习惯说明	作　用
系统思维	客观事物通常是多方面相互联系、发展变化的有机整体。系统思维是指运用系统观点，对事物各个方面有整体性认识	着眼全局，从整体上思考问题，用好“增强回路”“调节回路”，关注“延迟因子”，避免考虑不周、顾此失彼
结构化思维	将工作任务进行结构化拆解和分析，归纳分组，逻辑递进，从多个角度进行考虑	便于快速分析各种事务，并做到条理清晰，重点突出，不重复不遗漏
创新思维	遇到问题时不受现有知识和经验的制约，突破常规思维界限，用新颖独创的方法思考并解决问题	用新的知识、方法去看待和解决问题，提高工作质量、效率和效益

续表

习惯名称	习惯说明	作　用
共赢思维	共赢是一种寻求互敬互惠的思考框架，目的是与对方共同获益，更多地从合作的角度考虑问题	建立良好的沟通关系，避免对立情绪，有效提高合作成功率
逆向思维	也称作求异思维，对于常见的观点或事物反其道而行之，从相反方面进行思考，探索新的方法	提高创新能力和解决问题的能力
批判思维	在学习工作中不拘泥于书本上或他人的想法，而是敢于质疑，批判性地去独立思考问题	提高问题思考力、分析判断力和创新创造力
学会拒绝	对于一些明显不合理的要求或事务，可以考虑用适当的方式去拒绝，但拒绝要适度，否则会影响他人的看法	学会委婉拒绝，可以避免不必要的麻烦
主动融入	主动融入本岗位、本部门、本单位，不要做职场中的异类。多观察身边优秀的同事、前辈，尽快找到学习的标杆，定下目标，从模仿到超越	有利于新员工快速适应职场、展开工作、取得突破

2.3.4.2　品格（做人）习惯

职场中的品格习惯也可以看作做人的习惯，主要针对个体的意志品格以及人际关系。良好的品格习惯有助于与他人保持良好的关系，极大地促进团队协作，减少沟通问题的发生，同时也能给日常生活带来帮助。

职场中常见的优秀品格习惯见下表：

习惯名称	习惯说明	作用
诚信待人	诚信待人是指在与人交往中保持诚实，遵守承诺，诚信是职场中最基本的职业道德品质	保持诚信能够得到大家的信任和尊重，也方便开展工作
积极主动	对待工作积极热情，在工作中主动作为，勇于担当，不将问题留给别人	获得更多锻炼的机会，充分展示自己，快速提升自己，赢得口碑
换位思考	站在对方的角度考虑问题，设身处地地对他人的情绪和情感进行认知和把握，从而真正做到互相理解和包容	充分体会他人的情感和需要，可以促进沟通，提高被接受程度
注重礼仪	在职场中与人相处时应注意遵循职场的礼仪规范	有助于树立得体的职业形象，给人留下良好的印象
帮助他人	在他人遇到困难时，主动提供力所能及的帮助	助人者人助之，可以促进人际关系

2.3.4.3 行为（做事）习惯

职场中的行为习惯可以看作做事的习惯，针对个体所面对的工作任务，是指能够保障工作任务高质量及时完成的行为方式。良好的行为习惯通常可以带来合理的时间规划、高效的执行力和专注度、充分的工作积极性等。

职场中常见的优秀行为习惯见下表：

习惯名称	习惯说明	作　用
以终为始	在做任何工作时可以先拟出愿景和目标，并从结果出发进行分析，寻找关键因素和策略	心中有清晰的目标规划，行动才有方向，成果才有保障
做好计划	做每一项工作前应做好合理计划，可以采用工作清单、优先级排序等时间管理方法	可以使工作有条不紊
要事第一	即将重要的事情放在第一顺位来做	做事条理清晰，在重要事务上不会延误
避免拖延	按照计划及时处理相应任务，提高执行力，不要拖延	保证工作按时完成，减少被问责的机会，减轻焦虑情绪
保持专注	在工作时间内保持专注度，尽量避免干扰，不轻易被打断	有效提高工作效率
请示汇报	在遇到一些事情或问题时，要及时向上请示，报告进展	表示尊重，沟通信息，请求协助，规避责任
及时协调	遇到需要他人协助的工作时要及时沟通，第一时间提出需要对方协助的内容和需求，让其有尽可能多的时间准备和落实	让对方得到尊重，更愿意协作
勇于求助	在学习工作中遇到困难和问题，勇于向他人求助	有助于更好地解决问题，学到知识
持之以恒	做事时要有耐心，哪怕遇到挫折也能够坚持到底，把事情做好	有助于完成复杂的任务，磨炼心志

习惯名称	习惯说明	作　用
总结复盘	任务完成后总结归档，并及时对工作过程进行复盘及反思，总结经验，整改不足	能够从工作吸取经验和教训，便于后续更好地开展相关工作
信息分享	工作中的有用信息、知识和经验等可以及时分享给同事，为他人在解决问题时提供参考	将团队认知快速拉升到同一水平，有利于团队沟通、交流和协作
定期锻炼	身体是根本，平时要注意锻炼	保持身体健康，工作更有精力和活力

2.3.4.4　学习习惯

学习习惯是指个体在学习知识和专业技能时的习惯。在职场中需要通过学习不断自我更新，保持对新事物的热情，尤其是在专业技术领域，各种新的知识和技能层出不穷，技术体系迭代速度非常快，因此养成良好的学习习惯越来越重要。

职场中常见的优秀学习习惯见下表：

习惯名称	习惯说明	作　用
坚持阅读	读书是获取知识的有效手段，好的书籍凝聚着作者的思想和灵魂，坚持阅读有助于学习知识和陶冶情操	通过阅读可以有效地获取知识，开阔视野，充实精神世界
抓住重点	效率优先，选取对自己更有帮助的内容来进行阅读和学习；尽快投入到专业领域的学习中，不要本末倒置	提高学习效率，可以较快地提升自我；加强专业能力的学习尤为重要

续表

习惯名称	习惯说明	作　用
关注前沿技术	知识更新迭代很快，应该时刻保持对新技术和技能的关注，时刻保持学习的热情，做到与时俱进	不断自我充实和更新，加深在专业领域的认知程度
广泛获取信息	利用书本、网络、APP 等广泛获取信息，尤其是可以通过一些专业相关的论坛、数据库、网站和公众号等来进行学习	丰富获取知识的途径，使学习更便捷
利用零碎时间学习	利用工作之余的零碎时间进行学习，如上下班途中等时间	化整为零，积少成多

在上述分类中，思维习惯和品质习惯属于个体的内在习惯，而行为习惯和学习习惯则是外在的习惯表现。需要注意的是，上述四类职场习惯并不是孤立存在的，而是相互依存和相互影响的，例如思维习惯和品质习惯通常影响着主体的行为习惯和学习习惯，同时也可以通过主体的行为习惯来倒推思维和品质习惯。

2.3.5　如何培养良好的职场习惯

通常人们并不完全具备职场中的优秀习惯，因此如何根据自身情况养成适当的习惯是一件值得研究的事情。人类每天的活动有超过 40% 是习惯的产物，如果坚持按照正确的方式去做，就能够刻意培养一些优秀的习惯，为工作生活提供助力。习惯根深蒂固，不能被消除，但可以培养新的习惯去替代一些不良的习惯。

2.3.5.1　习惯的形成机制

想要培养良好的习惯，首先要清楚习惯的形成机制。先看一个麻省理工学院（MIT）的迷宫实验。

案例：麻省理工学院的研究人员在20世纪90年代做过一个试验。研究人员将老鼠放到了T形的迷宫中并在另一端摆了一块巧克力。

在前几次的实验中，老鼠总是到处嗅嗅，到处挠挠，似乎嗅到了巧克力味道，但是不知道怎么找。就这样一直探索，一直不停地打转，最终都会发现迷宫中的巧克力。

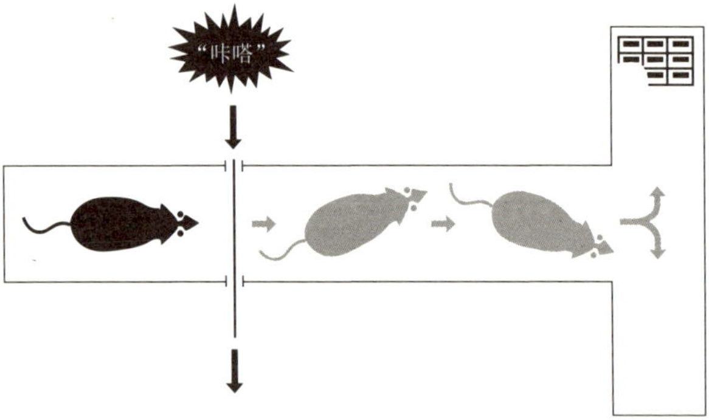

（图片源自 查尔斯·杜希格《习惯的力量》一书）

科学家不断地重复这个实验，迷宫里同样的路同一只老鼠走了几百次。慢慢地发现，老鼠穿越迷宫的速度越来越快，不再嗅嗅挠挠了。老鼠已经将穿越迷宫路线变为自己一部分，几乎都不需要思考了。

老鼠颅内的探测器表明了这一点。随着老鼠跑得越来越快，大脑工作得越来越少，基底核这一微小、原始的神经结构似乎取代了大脑的工作。

MIT 的这个研究表明，习惯与大脑中心的基底核有关，基底核是回忆行为模式及依此行动的核心。随着同一件事情的反复执行，大脑其他部位的工作将越来越少，而基底核这一微小的神经结构会依照过往的固定模式主导大脑的工作。

由此可见，习惯是人类神经系统作用的结果，习惯的形成过程被称为“组块化”，也就是大脑将一系列行为变成一种自动的惯常行为，而这是习惯形成的基础。研究者认为，习惯的出现是因为大脑一直在寻找可以省力的方式，将惯常行为活动变为习惯可以让大脑得到更多的休息。

在大脑中形成习惯的过程可以看作一个由三步组成的回路：

第一步存在着一个暗示，能够让大脑进入某种自动行为模式；

第二步存在一个惯常行为，可以是思维或身体方面的；

第三步则是奖励机制，能够让大脑辨别出是否应该记录下这个回路。

习惯回路说明在习惯出现时，大脑不再完全参与决策，而是按照某种模式自动展开行动。在这个回路中，暗示会触发相应的惯常行为产生，惯常行为得到一定的奖励，而对奖励的渴求养成习惯的意愿，推动习惯回路的循环，进一步强化暗示的作用，这就形成了一种闭环的正反馈机制。养成习惯的意愿是推动回路的原动力，一般为对于奖励的渴求，有时也可以包括自身的意志等。

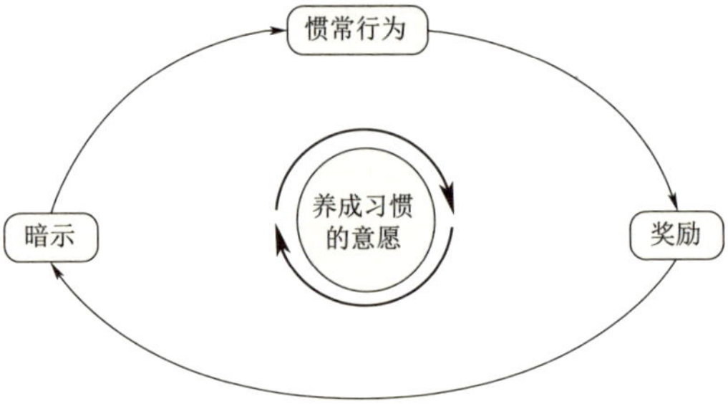

2.3.5.2　习惯的养成策略

根据上述对习惯形成机制的分析，我们发现习惯的形成回路在其中起了重要作用，这也为寻找习惯的养成策略提供了思路。要养成一种优秀的习惯，首先需要坚定养成该习惯的意愿，意愿是促进习惯养成、推动回路形成的最大动力。然后综合分析回路中的各个部分，可以得出习惯的养成策略主要包括以下几方面。

（1）明确合理的惯常行为模式。对于待养成的习惯需要有一个全面的了解，明确需要做什么，怎样做，找到一种正确、合理的行为方式作为惯常行为模式。

（2）选择适当的暗示方法。时间暗示（如闹钟、备忘录等）、物品暗示（如某些习惯所使用的关键物品等）、事件暗示（如接受特定任务、与特定人物交流等）。

（3）找到恰当的奖励机制。有形奖励，无形奖励（如完成意愿的成就感、优秀习惯带来的正面情绪等）。

（4）长期坚持固化习惯。习惯的养成需要进行长期、反复的实践。习惯在固化前通常会经历反抗期、不稳定期和倦怠期三个阶段，人们往往在此期间因为种种原因无法建立起稳固的习惯回路，例如由于奖励不够充分导致对奖励的渴求无法成为推动回路的稳固动力。

因此，可以通过一些手段进行辅助，增强自身对养成习惯的意愿，进而增强回路的推动能力。自查清单就是其中一种有效的方式。自查清单即通过清单管理的方式，定期对习惯的使用情况进行自我核查，如果没有正确养成，则需要找到原因，看是否需要对回路中的某一部分进行改进，进而更好地推动习惯回路的运行。

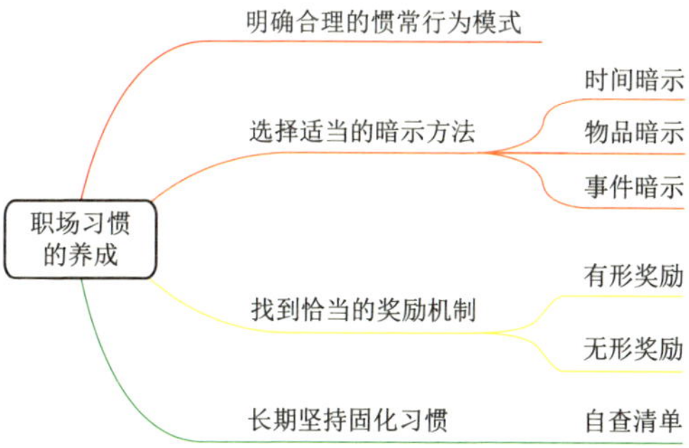

以培养“定期锻炼”这一行为习惯为例，对上述养成策略的实

际应用进行更加具体的阐述。

首先要明确惯常行为模式，例如可以选择“晚饭后跑步”作为惯常行为模式，此时需要查阅资料了解跑步的合理路线、距离、配速等信息，并结合自身情况规划出合理的跑步方案。

然后可以选择一种适当的暗示方法，例如在门口摆放一双运动鞋或者佩戴运动手环（物品暗示）。

接着给出恰当的奖励，例如跑步后可以喝一杯果汁（有形奖励）以及身材变好带来的愉悦感（无形奖励）。

最后每天睡前可以通过自查清单检查今天是否按计划完成了跑步，如果没有，那么原因是什么，并自我改正，从而督促自己坚持下去，直到“定期锻炼”变为一个稳定的习惯。例如如果因为工作原因没有时间跑步，那今后就应提前对工作进行规划，空余出跑步的时间。

2.4　职场常用模型之 8W3H1O

一位人事部主管想要了解最近半年来人员的离职状况，于是交代一位工作人员进行调查了解，并要求其在三天以后汇报调查结果。

三天后接受任务的工作人员向主管报告，半年内总共离职 30 名员工。主管接着问各部门离职的人数有多少，不同年资的离职人员各有多少，男性、女性各占多少人，这位工作人员一概答不上来。主管不悦地说“我给你三天的时间，你只给我统计出一个总离职人数”。

这位工作人员的工作问题出在哪儿？

2.4.1　什么是 8W3H1O？

看到 8W3H1O 可能会有疑问：我只知道 5W2H，或者 6W3H，甚至 7W3H 我也听说过。8W3H1O 指的又是什么？

经过资料查询，这一分析法最早的版本是 5W，1932 年由美国政治学家拉斯维尔提出。经过人们的不断运用和总结，逐步形成了一套成熟的 5W+1H 模式。第二次世界大战中，美国陆军兵器修理部又在此基础上提出了更进一步的 5W2H 分析法。

无独有偶，我国著名教育改革家陶行知先生也曾经写过这样一首关于 5W2H 分析法的小诗《八位顾问》：“我有几位好朋友，曾把万事指导我。你若想问真姓名，名字不同都姓何：何事、何故、何人、何如、何时、何地、何量。还有一个西洋名，姓名颠倒叫几何。若向八贤常请教，虽是笨人不会错。”这首小诗，是陶行知先生以拟人的手法，概括出做学问要善于思考、勤于发问，从广度和深度上实现问题范围的宽泛化和问题解决的彻底性。其中，除了向西洋科学几何请教外，其他七贤的对应关系为：What- 何事、Why- 何故、Who- 何 人、How- 何 如、When- 何 时、Where- 何 地、How much- 何量。

可以看出，无论是最初的 5W，还是延伸出来的 5W2H、6W2H，他们的特点都是简单、方便，易于理解、实用，富有启发意义，广泛用于企业管理和技术活动，对于决策和执行性的活动措施非常有帮助，也有助于防范考虑问题时产生的疏漏。

而 8W3H1O 则是在所有这些“几 W 几 H”基础上，进一步演变进化而来的，相对更加全面。它是由 8 个以“W”开头、3 个以“H”开头、1 个以“O”开头的英文单词进行设问，发现并分析问题，寻找新思路并做出新决策的一种问题解决方案与思路。

8W3H1O 分析法作为优化版本，提供了分析工作的有效架构。它从 12 个思考基本点切入，将复杂的问题系统地进行拆解，以帮助我们更好地制定目标、更好地分析任务、更好地制订措施。

该分析法不仅有利于较系统和周密地思考问题，使思维具有条理性，也有利于较为深入地发掘问题，有针对性地提出更多的可行性设想。

2.4.2 8W3H1O 要素分析

（1）为何（Why）：指做事的理由、目的、根据，也指做事的背景、

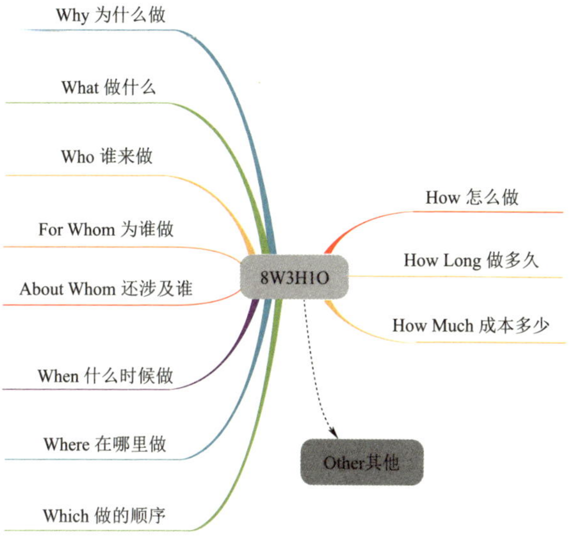

意义及作用。问为什么可以使我们做到“知其所以然”，弄清楚为什么“出发”，可以更好地洞悉本质；问为什么这样做而不那样做，可以明确“目的”的必要性。

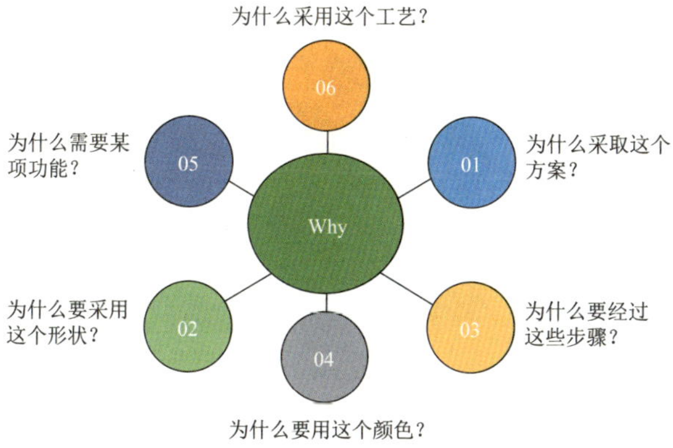

（2）何事（What）：指要做的是什么及描述达成命令事项后的状态。即思考具体的工作内容，确认每个事项都与“Why”所提出的目标相符合，可以明确“内容”的完整性，避免遗漏工作。

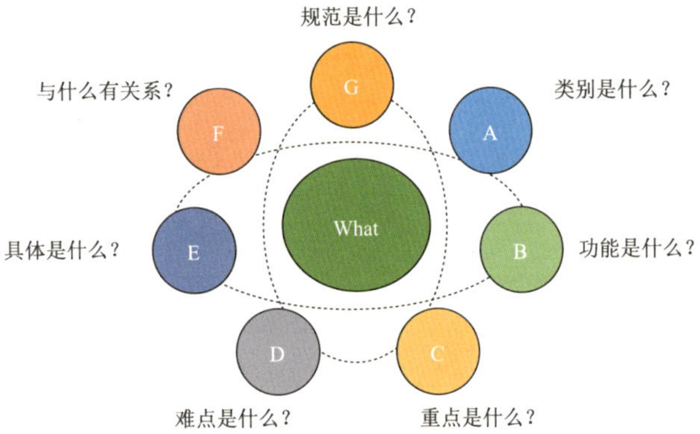

（3）主体（Who）：指的是做一件事情、提出一项需求或发布一项任务的主体，可以明确“人选”的适任性。

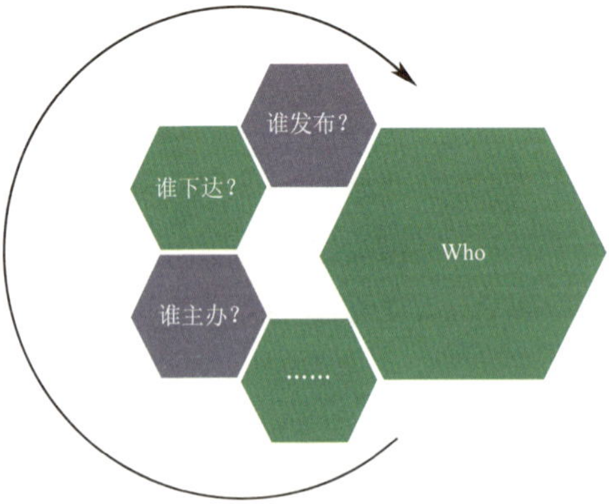

（4）客体（For whom）：指的是承接任务、指令、信息、需求的客体，可以明确"对象"的针对性。

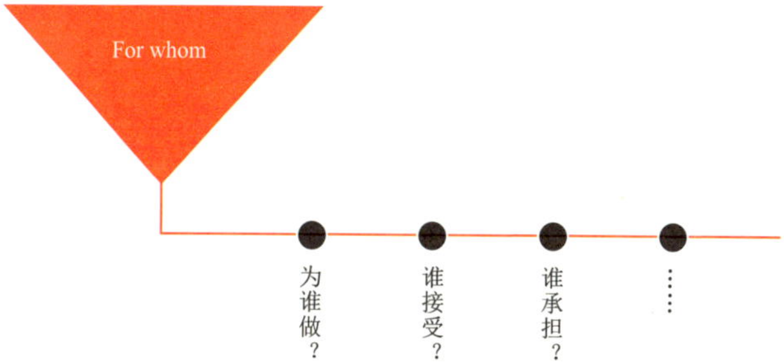

（5）相关方（About whom）：指的是一次工作或一项任务中，除了主体与客体外的其他相关方，可以明确"涉及对象"的完整性。

为了了解"相关方"的意思，弄明白在一个具体事件中主体、客体、相关方又各自是谁，可以来看以下几个例子：

案例 1：小金在工作中出了差错。部门主管（主体 Who）对小金（客体 For whom）进行了批评。但因为批评声音过大，影响了办公室里其他人（相关方 About whom）的工作和心情。小金回家后，因为情绪低落烦闷，对家人（相关方 About whom）发泄了脾气，导致家人也受到了影响。

案例 2：公司想要评选年度最佳工作者，需要各部门提报候选名额。部门主管（主体 Who）结合本年度部门内员工的各项表现，决定提报小李（客体 For whom）。但主管考虑到其他同事（相关方 About whom）在工作中也勤奋认真，虽然业绩不如小李突出，但也有一定成果。如果只把名额给小李，恐怕会打击其他同事的积极性，引发不满情绪。因此部门主管在综合考虑后，提报时又向领导申请了额外的优秀员工奖励，照顾了部门内其他优秀员工的情绪。

案例 3：一场会议中，主办方与承办方（主体 Who）对会议进行了组织，邀请了会议参与者（客体 For whom）。在具体会议议程和细节策划方面，还邀请了参会嘉宾（相关方 About whom），同时还与其他支撑单位（相关方 About whom）进行沟通，寻求其在会议期间进行支撑服务。

从以上几个案例可以看出，一件具体的事情中，包含多个方向的人物关系，如领导者、负责人、监督者、执行者等，同时还要兼顾其他人的利益与感受。这些都需要在分析人物要素时纳入考虑范畴。

（6）何时（When）：指工作全流程中的各个时间点设置情况，用于明确“时间”的有效性。

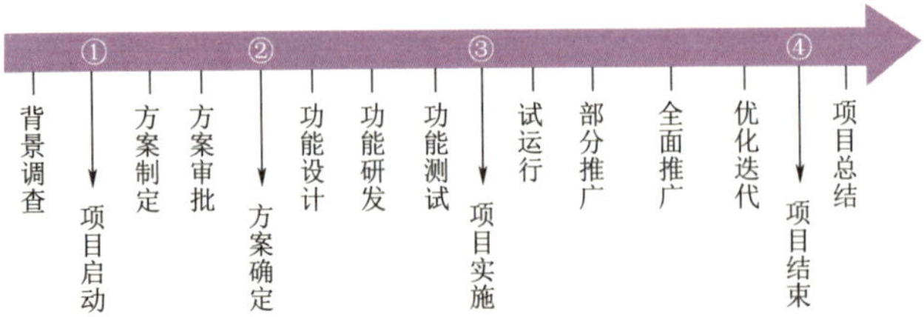

（7）何地（Where）：指各项工作或活动发生的场所，用于明确“地点”的理想性，确保所选的作业场所即为最合理的作业场所。

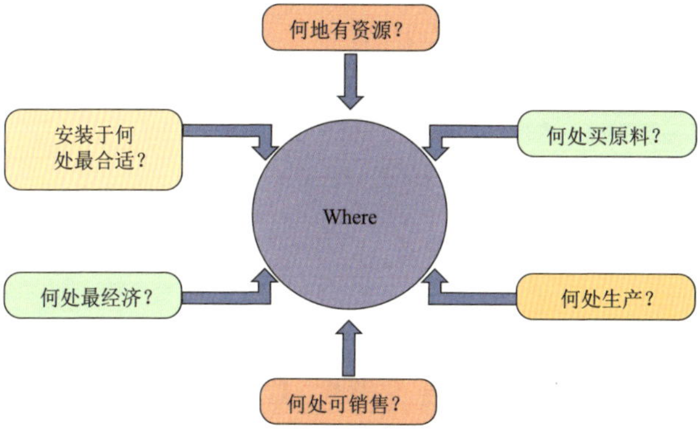

（8）哪个（Which）：指各种选择及优先顺序。用于明确“选择”的适当性，确保思考保持更多的弹性，知道什么可以选择，什么不适合被选择，即明确出自己的选择。

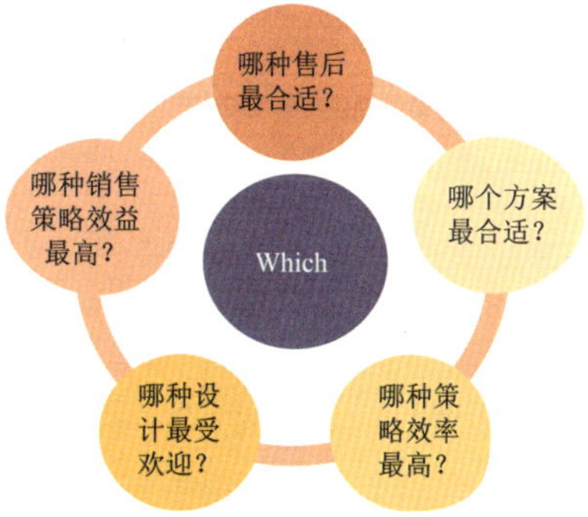

（9）如何（How）：指方法、手段，也就是如何做。用于明确各项工作如何进行及进行的步骤，可以明确“方法”的程序性，确保作业的单纯化、标准化。

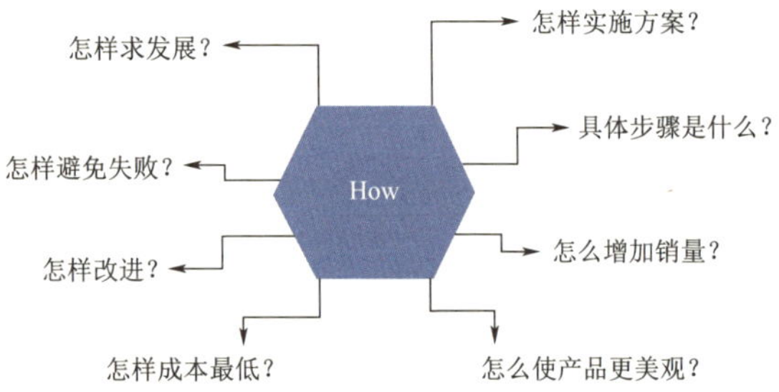

（10）时长（How long）：指时长，即完成这一工作所用的时间，包括要求的期限、计划预期时长、实际使用时长、提前或延期多久，效率如何，等等。

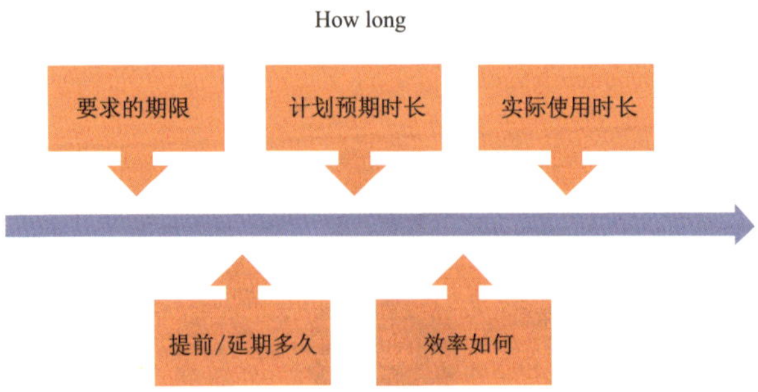

（11）成本（How much）：指投入成本，包括人力、物力、金钱、时间、品牌等各方面资源成本，用于明确“成本”的经济性。

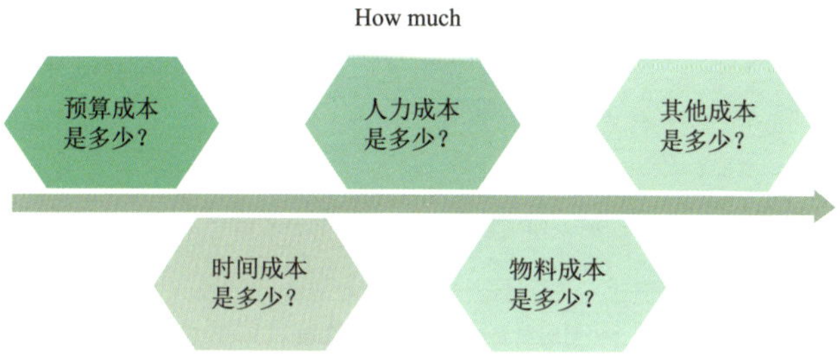

(12)其他(Other):为了避免遗漏，我们还另外添加了“其他(Other)”这一项，专门用于收集所有不属于前 11 项的内容。

案例: 组织一场活动，已知活动原因是近期的重大节日(Why)，活动由谁来策划(Who)，是为了谁而举办的(For whom)，还涉及哪些人(About whom)，需要做什么(What)，何时何地举办(When & Where)，优先选择哪种方案(Which)，具体怎么操作(How)，活动的时长(How long)，成本(How much)。但即使如此，总会有考虑不到的地方，如:接送活动嘉宾车辆通行证的办理问题，这一类问题暂时不属于上面任何一个因素，也因为太细致琐碎而容易被忽略。但凡想到了，就要立刻记录到 Other 中来，避免遗漏。

根据上述 12 个思考切入点的具体含义介绍，再次梳理 8W3H1O 分析法的涵义，如下图所示:

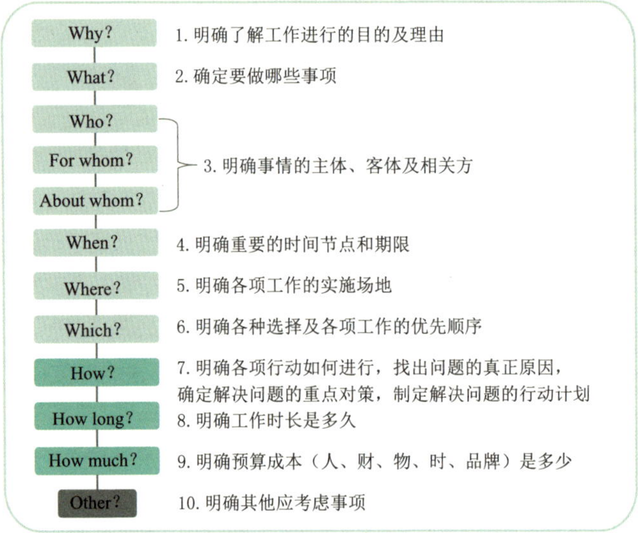

2.4.3 8W3H1O 特点及技巧

2.4.3.1 特点

应用广泛。不管是个人自身对问题的思考分析（如策划方案、制订计划等），还是对内接收信息（如领取任务、接收需求等），又或是对外沟通协调（如交接工作、部署任务等），都可以运用 8W3H1O 模型辅助分析思考，防止遗漏。

使用简单。它便于理解，使用方便，且易于与其他管理工具搭配使用，如 PDCA、SWOT、SMART 等。

提高效率。8W3H1O 分析法是从 12 个方面进行思考的，比较全面，避免了遗漏。其次它可以帮助我们准确界定范围，使得表达更加清晰。最后它有助于抓住主要矛盾，杜绝盲目。

应用广泛	使用简单	提高效率
● 项目设立/复盘； ● 工作计划/总结； ● 人员/培训管理； ● 会议安排/记录； ● 产品创新/研发； ● 电话接听； ● 任务安排； ● 问题分析	● 便于理解，方便使用； ● 易于与其他管理工具搭配使用，如 PDCA、SWOT、SMART 等	● 全面思考，避免遗漏； ● 界定准确，表达清晰； ● 抓主要矛盾，杜绝盲目

2.4.3.2　技巧

简化：无论何种工作或流程等，都可以通过简化变得简单一点。

取消：对工作程序进行识别，当发现可以排除某道程序时，就应该果断取消该程序。

合并：在工作时要分析能不能把几道工序进行合并，尤其是在流水线上应用合并技巧，可以立竿见影地提高效率。

改变：当工作进行中发现前面的方法不可行时，要及时改变工作的顺序或改变策略来及时止损。

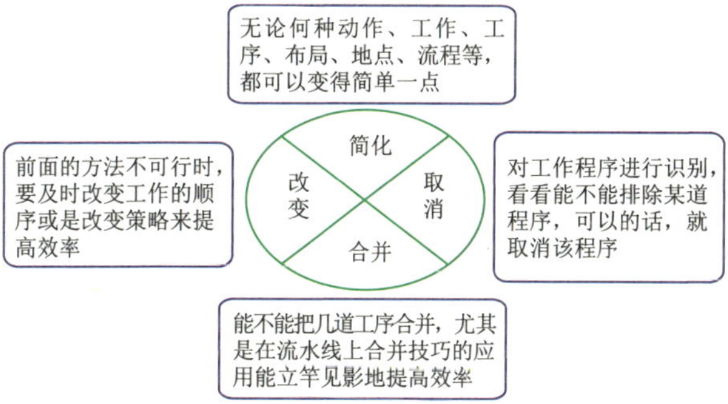

2.4.4　8W3H1O 应用案例分析

前文提到，8W3H1O 在工作中的应用非常广泛。事实上，任何一项工作不仅可以在整体分析的时候应用 8W3H1O 分析法，在分析具体的工作步骤或者细节之时也可以用，因此该分析法在应用中应根据实际工作情况嵌套使用。

案例：某航空公司在机场候车室二楼设小卖部，运营一段时间发现生意非常冷清。在使用 8W3H1O 分析法检查后发现，问题出在 For whom、Where 和 When 三个方面，具体内容如下：

在“谁是顾客”方面：机场小卖部的顾客群体应该是出入境旅客，而这些顾客并不需要上二楼。在二楼徘徊的大都是迎送客人的人，他们一般为当地人，可以去大商场购物，基本没有在机场小卖部购物的需求。

在“小卖部设在何处”方面：机场海关位于一楼，因此出入境的旅客都在一楼，而二楼并非旅客的必经之路。

在“顾客何时购物”方面：出境的旅客一般都在行李交付航空公司托运后，才会去购物。可是机场规定，旅客只能在临上机前才能将行李交付航空公司托运，这自然挤占了旅客购物时间。

因此根据上述三个方面所暴露的问题，可以得出如下解决措施：

- 视旅客为顾客；

- 将小卖部搬至一楼出入境旅客海关检查的必经之路；
- 托运服务的办法改为随时可将行李交付航空公司，以便旅客有充足的购物时间。

在实际分析中，8W3H1O 的 12 个方面可能缺失几个要素。另外，有些要素调整后，相对应的要素可能也会发生变动，比如工作内容调整，对应人员可能也会发生更换。

因此建议大家在分析和思考问题时，要考虑这 12 个方面的相互关联、相互影响，在其中的某些内容发生变化时，增加分析维度，拓展思考方向。

2.5 职场常用模型之 5M1E

有一家制造交流电钻的企业，最近一段时间发现装配好的电钻机壳变形的比率很高。请以降低其变形比率为目标，分析产生不良的原因。

当你看到这样一个案例的时候，你是怎么思考的呢？可以先开动脑筋想一想，也可以把自己的思路写下来或画下来，在思考的过程中也可以进一步了解自己思考问题、分析问题的方式方法。

先别急着看参考答案，我们带着这个问题和目前思考出的结果，一起来了解，到底什么是 5M1E。

2.5.1 什么是 5M1E

5M1E 模型最早起源于质量管理。当产品出现质量问题时，寻找潜在的发生原因，由于思维的局限性，很难考虑全各个方面的因素。鉴于这个困惑，前人利用经验，归纳出一种比较全面、分析产生某个问题潜在原因的方法。

5M1E 是 6 个英文单词的首字母：Man（人）、Machine（机器）、Material（物料）、Method（方法）、Measurement（测量）、Environment（环境），简称为人、机、料、法、测、环。

其中“测”可以隐藏在其他因素中，如：测量的机器、设备等可以归于“机”，测量的方法可以归于“法”，而在什么条件和工况下测量可以归于“环”等，这也就成了以前我们常说的“人、机、料、法、环”（4M1E），但现在都统称为 5M1E。

2.5.2 为什么要使用 5M1E

任何管理问题或生产过程中的异常问题，究其原因，均表现在人、机、料、法、测、环六个方面。只有对影响管理或现场生产的各方面因素进行充分了解，才能有效实施控制及预防异常，使我们在进行管理现场的过程中游刃有余。

工作科学方法的获取大都来源于这些最基本、最通用的管理工具，很多管理书籍是通过对这些知识的理解与运用后再个人总结得出局限性的方法论，如行业管理丛书、总裁总监管理丛书等，解析开来看几乎不离其左右，只是在个别环节用特殊方法和技巧来处理或加工，当然这也是在某个领域经过长期的实践、统计、分析才能得出结论的。

学会分解问题、剖析问题，化整为零、化繁为简是解决问题亘古不变的真理，5M1E 分析法就是给我们提供了这种分析解决问题的思路和方法。

2.5.3　5M1E 要素分析

了解了 5M1E 的来源和作用之后，再来看 5M1E 的几个要素分析。

5M 与 1E 共同构成了问题分析的“六大要素”，但在这六大要素中，人是处于中心位置和主导地位的。

就像行驶的汽车一样，汽车的四个轮是“机”“料”“法”“测”四个要素，道路状况是“环”，驾驶员这个“人”的要素才是最主要的。

但只针对“人”就能解决问题吗？答案显然是“不能”。这也是为什么那么多问题会反复出现的原因所在。

那应该如何用好 5M1E 呢？首先是区分：其中“人”这个因素是作为重要的软因素，而“机、料、法、测、环”则作为关键的硬因素。一个问题的分析和处置必须同时涉及“软”和“硬”两种因素，对“人”这个软因素的强化，目的是提升“人”对其他 4M1E 的管控能力；而改善 4M1E 的目的是强化对“人”的保护。

现结合公司实际状况，逐项分析 5M1E 各要素在分析问题中的含义和作用。

（1）人（Man）。人员要素可以分为整体团队状况和个人状况，在使用 5M1E 分析法时需要根据具体参与人员情况进行分析，可以参考的人员信息如下图所示。

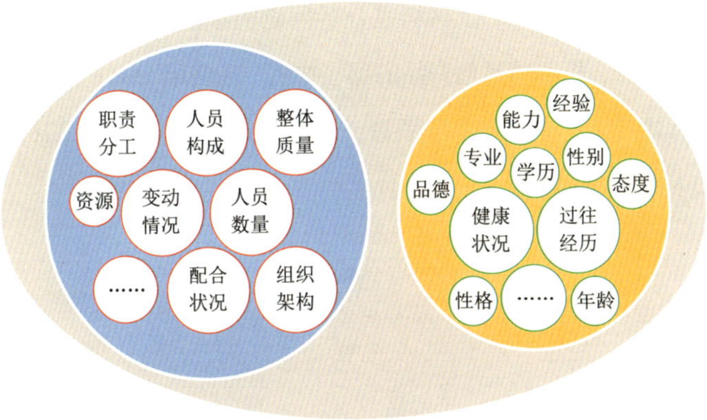

（2）机（Machine）。机器包括管理分析问题中涉及的硬件设备、软件设备，以及设备的维护和保养状况等，可以参考的机器要素如下图所示。

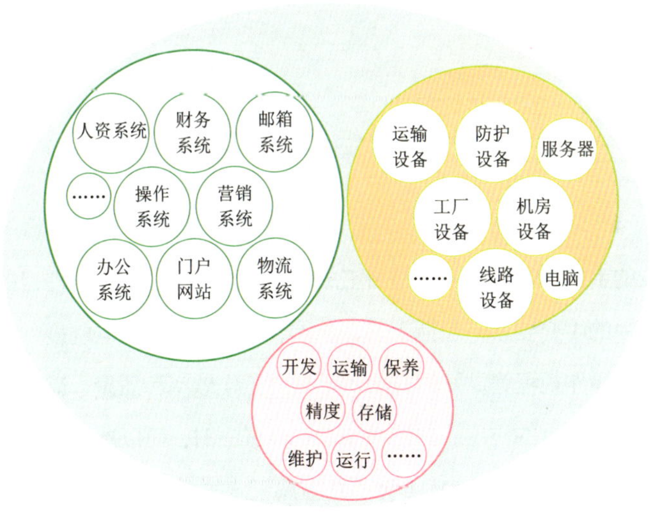

（3）料（Material）。材料是分析问题时涉及的用于制造物品、器件、构件、机器或其他产品的那些物质。在使用 5M1E 分析法时，需要考虑材料的各种特性对质量或问题的影响，可以参考的材料要素如下图所示。

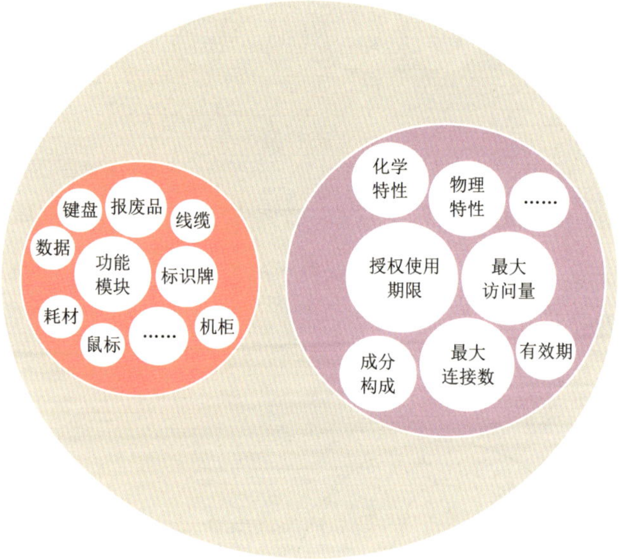

（4）法（Method）。方法指为获得某种东西或达到某种目的而采取的手段与行为方式，是员工成功办事或管理者实现管理目的不可或缺的中介要素，包括工艺、流程、管理工具、标准制度、工作机制、操作规程等。好的方法对于提高工作效率和质量、减少问题的发生有巨大的作用。在使用 5M1E 分析法时，可以参考的方法要素如下图所示，其中 5M1E 分析法就属于该类。

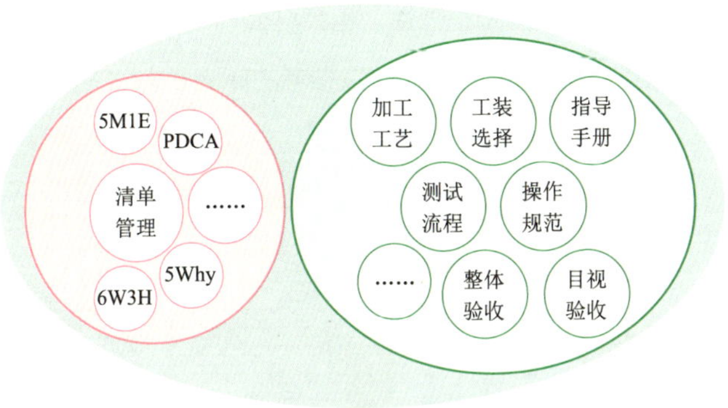

（5）测（Measurement）。测量是对非量化实物的量化过程，如测量时采取的方法、频率不准确，将直接导致测量数据出现偏差，产生很多不必要的问题。因此，测量因素对于质量管理也是关键的一环。在使用 5M1E 分析法时，主要考虑测量时采用的方法是否标准、正确。可以参考的测量要素如下图所示。

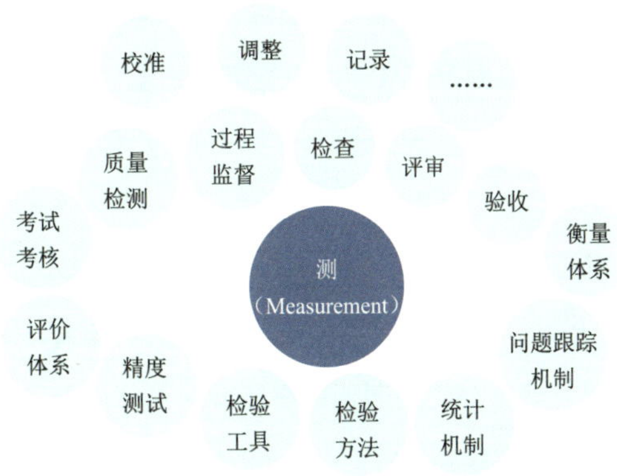

（6）环（Environment）。环境可以分为物理空间环境和人文环境，工作中环境的好坏，如办公室较为杂乱、工作气氛压抑，都会

直接影响人员的心情和积极性，也会对公司的生产活动产生重要影响。在使用 5M1E 分析法时，可以参考的环境要素如下图所示。

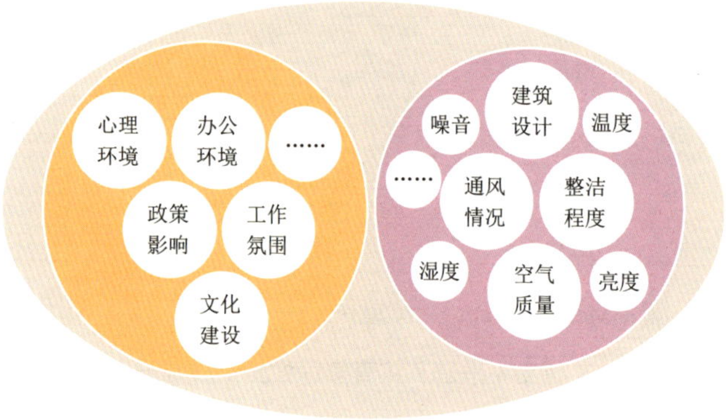

备注：

◆ 5M1E 分析法中 6 个要素之间不是完全独立的，互相之间都是有联系，例如“人”的要素可能贯穿各个要素之中。

◆ 在分类时，应根据主要方面进行划分，避免重复。

◆ 在具体案例分析时，应尽量全面考虑每个要素的信息，避免遗漏。

2.5.4　5M1E 应用案例

5M1E 分析法可以广泛应用于各种工作生活场合，主要用于问题分析和质量管理。在使用时，只需要针对具体问题，对六个要素进行逐项分析，最终找到造成问题的原因。

5M1E 是分析和思考问题的方向，要解决现场问题还要和其他管理工具相结合使用，以发现问题产生的根本原因并制定相应的改进措施。其中最常用的工具就是鱼骨图。

鱼骨图由日本管理大师石川馨先生所发明，故又名石川图。鱼骨图是一种发现问题“根本原因”的方法，它也可以称之为“因果图”。其特点是简捷实用，深入直观。它看上去有些像鱼骨，问题或缺陷（即后果）标在“鱼头”处。在鱼骨上长出鱼刺，上面按出现机会多寡列出产生问题的可能原因，有助于说明各种原因是如何影响后果的。

下面给出 5M1E 分析法的具体案例分析。在看过这些案例之后，再回过头思考前文提出的“降低电钻机壳变形比率”的问题，应该会有更明确的思路。

案例 1：高校多媒体教学设备维护问题

为了提升多媒体维护效率，保障高校教学活动有效进行，对当前多媒体设备维护工作存在的不足进行了分析。使用 5M1E 分析法从六个方面进行分析，结果如下图所示。

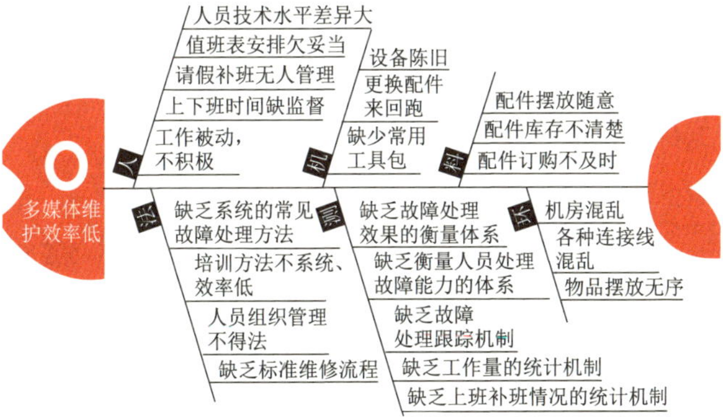

5M1E 分析法不仅可以应用于工作场合，也可以对日常生活中出现的问题进行分析。

案例 2：炒菜不好吃的问题

对于很多上班族来说，平时吃腻了食堂，都会有自己下厨做饭的冲动，但是很多时候炒出来的菜并不好吃。针对炒菜不好吃的问题，使用 5M1E 进行分析，结果如下图所示。

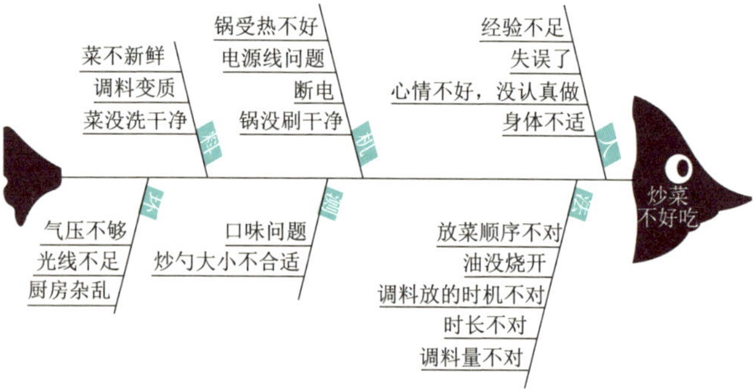

案例 3：疫情防控药品、物资供应与应急管理

新型冠状肺炎疫情防控使医院药学工作面临巨大的挑战，在做好日常药品供应和药学服务的基础上，做好应对突发疫情的防控药品和物资应急保障与应急管理工作具有非常重要的意义。关于疫情防控药品和物资储备的工作要求和特点，也可以用 5M1E 分析法进行质量管控，如下图所示。

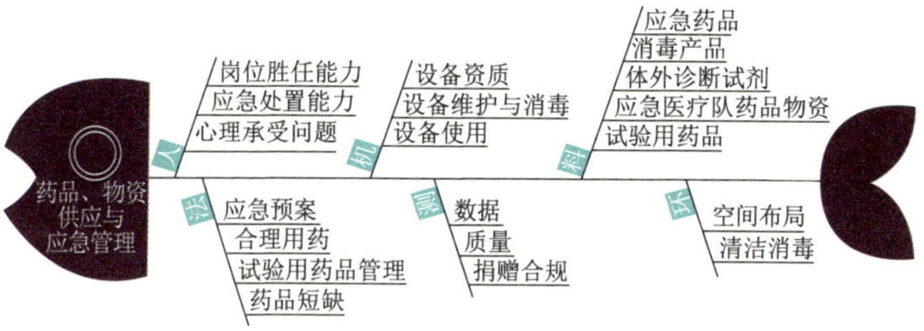

案例 4：降低电钻机壳变形比率

现在我们再回到本节开始的问题。

有一家制造交流电钻的企业，最近一段时间发现装配好的电钻机壳变形的比率很高。请以降低其变形比率为目标，分析产生不良的原因。

在经过前三个案例后，你是否对分析这一问题有了更清晰的思路呢？在看参考答案之前还可以对自己的答案进行补充和优化。

如果你认为自己的答案已经优化完成，就一起来看看下方的参考图吧。

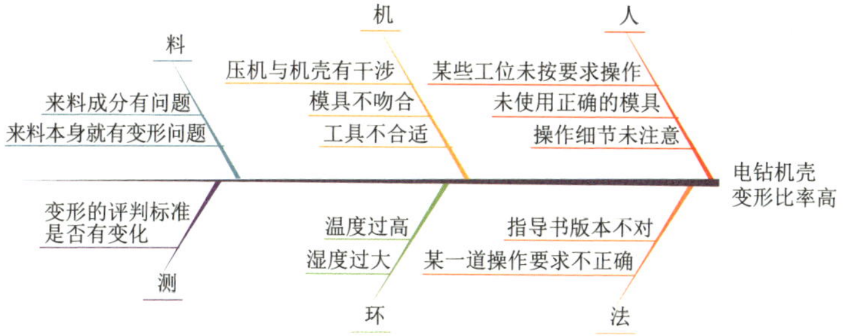

同样从人、机、料、法、环、测这六个方面来分析。你也可以将此图对照自己的答案看一看。第一次思考出的那些答案，是不是都可以归纳到这六个方面里呢？再对比第二次思考的答案，你应该感受到了运用 5M1E 分析法之后，自己考虑问题的角度更全面也更有逻辑性了。

5M1E 是问题分析和企业管理的基本要素，同时也是系统化分析问题产生根源的思路和方向，是“顺藤摸瓜”的那个“藤”。

前面提供的几个案例既有生活上的，也有工作上的，还有联系社会环境的。现在再进一步结合公司实际，并根据前面的各要素分析情况，提供一个适应信通专业特点的 5M1E 分析法参考模板，如下图所示，希望对工作内容与信通相关的读者能有所帮助。

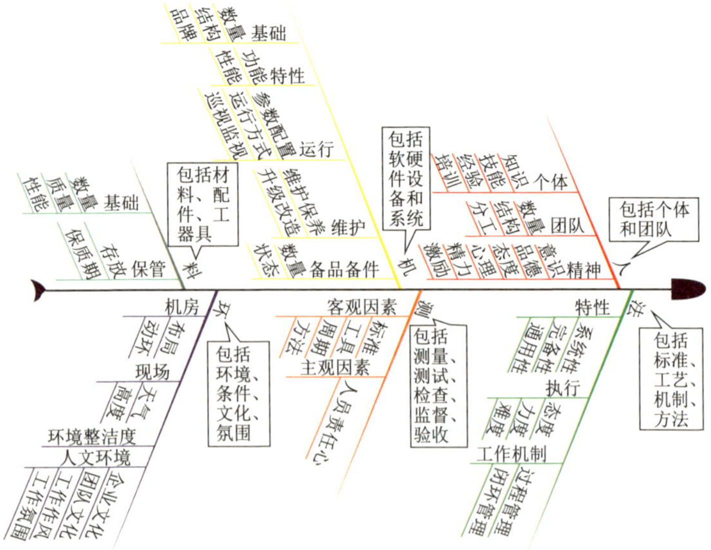

最后提醒，现实中遇到的问题复杂多变，在使用 5M1E 的过程中，可以在使用模板的基础上根据实际案例进行适当的增删，最终以解决问题为目标。

2.6　职场常用模型之 5Why

前面已经介绍了两种职场常用的思维模型，即 8W3H1O 与 5M1E。这节要介绍的职场模型，没有之前两种模型那么多的考虑要素，甚至很少，少到有且仅有一个。但就是这个唯一的分析要素，却能帮我们打破砂锅问到底，研究出一座问题冰山下的根本原因，那就是 5Why 模型。

2.6.1　什么是 5Why

5Why 首创自丰田汽车公司。有一次新闻发布会，有人问：“丰田公司的汽车质量怎么会这么好？”丰田生产系统的设计师大野耐一回答说：“我碰到问题至少要问 5 个为什么。”大野耐一总是爱在车间走来走去，停下来向工人发问。他反复地就一个问题，问“为什么”，直到回答令他满意，被他问到的人也心里明白为止——这就是著名的“五个为什么”的起源。因此，5Why 也被称为：丰田五问法。

案例：有一次，大野耐一在生产线上发现机器总是停转，虽然修过多次，但仍不见好转。于是他询问工人机器停机的原因，出现了下面的问答对话：

问题一：为什么机器停了？

答案一：因为机器超载，保险丝烧断了。

问题二：为什么机器会超载？

答案二：因为轴承的润滑不足。

问题三：为什么轴承会润滑不足？

答案三：因为润滑泵失灵了。

问题四：为什么润滑泵会失灵？

答案四：因为它的轮轴耗损了。

问题五：为什么润滑泵的轮轴会耗损？

答案五：因为杂质跑到里面去了。

经过连续五次不停地问“为什么”，才找到问题的真正原因和解决的方法，在润滑泵上加装滤网。

如果员工没有以这种追根究底的精神来发掘问题，他们很可能只是换根保险丝草草了事，真正的问题还是没有解决，用不了多久，类似的问题还会继续发生。

5Why 分析法，也就是对一个问题点连续反复以 5 个“为什么”来发问，以追究其根本原因。“5Why”不限定必须或只做 5 次为什么的提问，以找到问题根因为准，也许是 3 次，也许是 10 次，如古话所言：打破砂锅问到底。

5Why 分析法的关键所在：鼓励解决问题的人要努力避开主观或

自负的假设和逻辑陷阱，从结果着手，沿着因果关系链条，顺藤摸瓜，直至找出原有问题的根本原因。

2.6.2 为什么要使用 5Why

为什么要使用 5Why 分析法呢？

（1）问题冰山：有时我们看到的问题本身只是冰山一角，而产生问题的潜在原因是多层次的，包括了直接原因、间接原因和根本原因。只关注问题表象是无法真正解决问题的，这时就需要 5Why 分析法。

（2）解决根源问题：5Why 分析法会把因果路径简单地呈现出来，使问题本身更易于理解，便于做清晰的沟通，它不急于立即解决问题，而是立足于问题根源，发现潜在的系统性问题，找出长期的对策。

有人可能会想，我把当下棘手的问题解决了不就行了吗，这才是最关键的。手上问题那么多，哪有那么多功夫去研究每个问题背后还有什么问题啊？实际上，正是因为不深究问题背后的深层原因，才导致问题层出不穷。就像治病，光治标不治本是不行的。使用 5Why 分析法恰恰可以帮助我们标本兼治，避免问题的重复发生。

2.6.3 如何运用 5Why

知道了 5Why 分析法的起源和重要性，下面来看到底如何使用

5Why 分析法。

2.6.3.1　什么是问题

在学习如何使用 5Why 分析法解决问题之前，需要先了解，什么是问题。

问题就是目标（基准、标准）与现状之间的差距。

举例来说，某公司的发展目标是“要让 50% 的来店顾客知道本公司的商品”，然而现状却是“只有 10% 的来店顾客知道本公司的商品”，那么这 40% 的落差就是问题。

这里要注意的是，因为价值观、经验和立场因人而异，所以标准没有绝对的正确答案。原则上应该从个人或团队能力来思考并制定具体标准，并在其能力范围内解决问题。

2.6.3.2　问题的种类

发生型问题：解决现在发生的问题。

设定型问题：自行设定新的“标准”。

愿景指向型问题：从长期视野解决问题。

这三种类型的问题也许大小不同，但问题的解决流程却是相同的。

2.6.3.3　如何发现问题

现在我们知道了什么是问题，那么在日常工作中，要如何发现问题呢？

这里推荐给你一个很简单的方法：把“更……”当做口头禅，时常保持疑问，怀疑现在的工作方法并不是最好的方法。

例如：

不能“更”轻松吗？

不能“更”减少物料吗？

不能“更”省钱吗？

不能“更”减少浪费吗？

不能“更”快吗？

不能让顾客“更”满意吗？

……

如此保持疑问的态度，时常提问，再依照 5Why 法去逐步分析、解决问题，就会一直有进步，一直有提升了。

2.6.3.4 解决问题的步骤

在实践中，可以结合自身的实际情况开展 5Why 分析法，没有固定统一的模式。不过通常来说，5Why 分析包括以下的步骤：

1. 把握现状

在开始 5Why 前，需要先理清问题，掌握现状，清晰正确地描述问题，包括发生的问题是什么、发生的时间和地点、发生的频次、问题的影响程度、有哪些相关人员等。在获得相关具体信息的基础上，整理问题的中心内容，使随后的分析能够牢牢把握住问题的核心。

2. 调查原因

精确定义发生的事件后，就可以对事件出现的原因用 5Why 分析法进行调查。值得注意的是，分析过程虽然是简单的连续问“为什么”，但分析中要把握三个关键：事件发生的原因、为什么没有发现和管理体系没有做到预防的原因。否则，在之后问“为什么”的时候就可能会偏离最初的出发点。原因调查这一步骤可划分如下：

（1）识别并确认异常现象的直接原因：结合“把握现状”对事件做出清晰的陈述，依据事实确认直接原因或者最可能的潜在原因。

（2）建立通向根本原因的间接原因关系链：简洁地解释前一直接原因，如果处理直接原因不能防止再发生的话，那么从技术角度讲，该直接原因可能引出数个不同的原因，需要分别对每个不是根本原因的原因继续进行追问，直到找到根本原因，在必须处理以防止再发生的原因处停止。

（3）分析根本原因：处理这个原因能够防止问题再发生，并且这个原因能够通过以事实为依据的因果关系链与问题联系起来。

3. 纠正问题

当 5Why 分析完成后，即调查分析找到了防止重复问题出现的对策时，便需要采取明确的措施来解决问题。

使用临时措施来去除异常现象，直到根本原因能够被处理掉，确保临时措施会遏制问题直到永久解决措施能被实施。

实施纠正措施来处理根本原因以防止再发生。

为了跟踪改善措施的落实以及确认改善措施的实施效果，可制定详细的落实改善对策的检查清单并仔细检查。

4. 预防问题

对 5Why 分析的原因和纠正措施进行分析总结，考虑可能存在的风险点，是否存在尚未发生的问题，并制定标准化流程，做好问题发生的预防工作。

2.6.4　5Why 应用案例

5Why 分析法看似简单，在实际运用过程中却不能随意进行，若不向着解决问题的方向发展，我们就会发现分析会陷入两难的境地：要么“卡壳”导致分析中断，要么走上无尽的分析这条歧路，使分析变成无头案。

因此，为了使 5Why 分析能高效全面顺利的展开，必须注意以下几项原则：

（1）避免不自然的推论或借口类回答，推论要理性客观。

举例：为什么没有修理设备——设备全负荷运作——生产量多——接了很多订单——公司要赚钱

（2）避免涉及个人心理问题，专注分析可控原因。

举例：担当者很忙、作业者心情烦躁、检查人员在检查的时候想着其他的事情。

（3）避免责任推卸，围绕问题本身。

举例：×× 问题发生了——×× 部产品有问题——试制阶段的研讨不充分——开发阶段人员不够——×× 部门没有预

算——公司小气

（4）避免跳步，注意层和层间的相关性。每个为什么的问题和答案之间必须有必然关系，两个为什么之间必须紧密相连。

举例：观光缆车的玻璃窗由于水蒸气变得模糊——里面乘了6个人。（观光缆车内外有温差）

某个原因可能引出数个不同的原因，如有必要，需要分别对每个不是根因的原因继续进行追问。

此外，分析中要把握三个关键：事件发生的原因、为什么没有发现和管理体系没有做到预防的原因。

最后，再分享一个 5Why 的经典案例——杰弗逊大厦墙体腐蚀的原因。

美国华盛顿广场有一座宏伟的建筑，这就是杰弗逊纪念馆大厦。这座大厦历经风雨沧桑，年久失修，表面斑驳陈旧。政府非常担心，派专家调查原因。

调查的最初结果以为侵蚀建筑物的是酸雨，但后来的研究表明，酸雨不至于造成那么大的危害。最后才发现原来是冲洗墙壁所含的清洁剂对建筑物有强烈的腐蚀作用，而该大厦墙壁每日被冲洗的次数大大多于其他建筑，因此腐蚀就比较严重。

接下来专家们展开的一段对话，使得他们最终找到问题根源，解决了这一问题。让我们一起来看这段对话，感受5Why带来的神奇魔法。

问：为什么杰弗逊纪念馆受酸雨影响比别的建筑物更严重？

答：因为清洁工经常使用清洗剂进行全面清洗。

问：为什么要经常清洗墙壁？

答：因为墙壁上有着大量的鸟粪。

问：为什么会有那么多鸟粪？

答：因为大厦周围生活着很多燕子。

问：为什么会有那么多燕子？

答：因为墙上有很多燕子爱吃的蜘蛛。

问：为什么会有那么多蜘蛛？

答：因为飞虫在这里繁殖特别快。

问：为什么飞虫在这里繁殖特别快？

答：因为大量的飞虫被黄昏的灯光吸引。

因此，只要在天还未黑之前，拉上窗帘，杰弗逊纪念馆的问题就解决了。

看，就是这么简单。但是这一问一答之后，折射出的却是利用 5Why 分析问题、解决问题的思路。

总的来说，5Why 分析法体现的是锲而不舍、不断探索、追本溯源的精神。在平时的工作和生活中，要克服自己的主观臆断，碰到问题，多问几个为什么，持续地追问自己，沿着因果关系链条，拨开层层迷雾，相信你一定能够找出问题的真相。

2.7 职场常用模型之 PDCA

PDCA 模型的创始人戴明（William Edwards Deming）是美国的质量管理大师，却成名于日本。在他的帮助下，丰田汽车公司获得了巨大的成功。丰田喜一郎说：戴明是我们管理的核心。日本甚至为戴明设立了质量管理领域的全国性最高奖——戴明奖。

2.7.1 什么是 PDCA

PDCA 的创始人是戴明，因而 PDCA 循环又称戴明循环。

它起源于 20 世纪 20 年代，先是有着“统计质量控制之父”之称的著名统计学家沃特·阿曼德·休哈特（Walter A. Shewhart）在当时引入了“计划 - 执行 - 检查（Plan-Do-See，PDS）”的雏形，后来戴明将休哈特的 PDS 循环进一步完善，发展成为“计划 - 执行 - 检查 - 处理（Plan-Do-Check-Act，PDCA）”这样一个质量持续改进模型。它包括持续改进与不断学习的四个循环反复的步骤，即计划、执行、检查、处理，有时也被称为戴明环、戴明轮或持续改进螺旋。

PDCA 循环是一个在工作过程中不断反思发现问题，并持续改进的工作方法，是一个波浪式前进、螺旋式上升、滚动式发展的过程。

2.7.2 为什么要使用 PDCA

很多时候一项工作的开展并不是靠经验就能完成好的，不是开展一轮工作就可以轻易解决的，需要在做好进度管控的同时，及时检查改进、复盘，对既定目标和工作方式按照当前的情况进行提升优化。

我们仰望苍穹或许会认为自己看到了整片的天，但实际上可能只是看到了其中的一个点。很多时候我们不是故意犯错误，而是思考和处理问题的程序不够规范，因此有了很多的误判或者遗漏。

我们需要 PDCA 这样的工具帮助我们理清思维，帮助我们在纷繁芜杂的信息中抽取有用的信息，从而得出合乎逻辑的结论，并且能够规避决策风险，最终最经济、最迅速地解决问题。

2.7.3 PDCA 要素分析

2.7.3.1 P（Plan）

包括方针和目标的确定以及工作计划的制定，即总体的大目标和每个阶段的小目标。通过集体讨论或个人思考确定某一行动或某一系列行动的方案，可以利用前面提到的 8W3H1O 等模型进行分析（为什么制定该措施、达到什么目标、在何处执行、由谁负责完成、什么时间完成、在什么地方完成、如何完成、工作数量是多少、预算成本是多少）。

该阶段步骤：

1. 分析现状，找出问题

需要的是对现状的把握和发现题目的意识、能力，发现问题是解决问题的第一步，是分析问题的条件。尽可能用数据说明，并确定需要改进的主要问题。与预期不符的地方，都是问题。

2. 分析各种影响因素或原因

找准问题后分析产生问题的原因至关重要，运用头脑风暴法等多种集思广益的科学方法，把导致问题产生的所有原因统统找出来，也可以根据逻辑和流程，使用穷举的方式找到所有可能原因，包括且不限于本书中介绍的 5Why、5M1E（人、机、料、法、测、环）。通过调用前面所掌握到的分析要素，还能把学过的旧知识和新知识串联起来。

3. 找出主要影响因素

正如刚才所说，影响最终结果的因素往往是多方面的，可能涉及人、方法、仪器、设备、材料、环境等。每项大的影响因素中又包含小的因素。充分运用系统思维，在诸多因素中，找出影响质量的最主要、最直接的因素。其中，区分主因和次因是有效解决问题的关键。

4. 针对主要原因，制定措施计划

目标可以是定性 + 定量化的，能够用数量来表示的指标要尽可能量化，不能用数量来表示的指标也要明确（可视化）。目标是用来衡量效果的指标，因此设定应该有依据，要通过充分的现状调查和比较来获得。

在设置项目目标时，可以用 SMART 模型，即目标应该是具体的、可测量的、可实现的、相关的、有时限的。后面我们还会再继续深入讲解 SMART 模型的含义和用法。

在 Plan 阶段，用 SMART 模型可以帮助我们综合分析未来可能的发展趋势，做出针对性的研判，以终为始，按照清单思维形成执行清单（D 阶段）和核查清单（C 阶段）。同时需要进行进度规划，列出关键的时间节点、里程碑和目标，作为日后检查的标准。

PDCA 是个综合性很强的模型，因为它在运用过程中，把前面提到的几种职场常用模型和清单思维，全都用上了。

总结一下，在 Plan 阶段其实要做的就是两件事：

（1）确定目标，工作开始首先要明确工作目标，这是整个工作循环围绕的中心。

（2）制订计划，对目标进行分析，影响目标的因素有哪些？达成目标需要完成那些事情？就此制订可行的计划，并制订计划实施过程中的考核指标。对计划分阶段，能更好地把控计划在实施过程中的进度，必要时，需要制订应急计划。

其实我们每天早上上班，到达工作岗位之后，都需要对一整天的工作进行计划。简单点的，可以用便签条写个 To do list，每一条哪怕就写几个字、几个词，自己能看懂就行。对自己要求高一点的，想要有仪式感和完成任务的成就感的，可以借助一些软件或平台。

比如在时间管理上，可以用番茄钟时间管理法，或是三只青蛙的理论，帮助我们设立更完善的计划。我们需要预估自己每天有多少个番茄，我们准备怎么用这些番茄，做哪些事？每件事的重要紧急程度怎么样？我们的三只青蛙是什么？每只青蛙会消耗多少番茄？这一个一个的问题，都是要在行动之前弄清楚的，这样我们做事才有方向，付出的努力才能够精准。

Tips：番茄钟时间管理法

番茄工作法是一种有效的时间管理方法。它将大的时间块划分为25分钟的小单元，称为一个番茄钟。每工作25分钟，休息3～5分钟。4个番茄钟后有一个相对较长时间的休息，时间是15～30分钟。

Tips：三只青蛙时间管理法

博恩·崔西曾说："如果你必须吃掉一只青蛙，不要长时间盯着它看。如果你必须连着吃掉三只青蛙，记得要先吃掉最大、最丑的那只"。

这提示我们找到自己的"三只大青蛙"，即一些非常重要、需要你持续保持专注度才能完成的大事，然后保护自己的"青蛙时间"，专心从"最大、最丑的青蛙"开始吃起。

2.7.3.2　D（Do）

执行就是具体运作，实现计划中的内容；包括方针和目标的确定以及活动计划的制订。执行人执行，按照计划去做，落实计划。

该阶段需要按照既定的计划进行实施，同时在执行过程中根据实际情况的变化及时修改计划、实施方案，在这个过程中利用系统思维找出"增强回路""调节回路"和"延时反馈因子"，强化优势部分、削弱负面部分、关注潜在的滞后性影响。

在这一阶段除了按计划和方案实施外，还必须要对过程进行把控，如利用甘特图或清单的方式确保工作能够按计划进度实施，同时收集执行过程的原始记录和数据等项目文档，方便后续进行检查反思。

由此可知，Do 的步骤可以分为以下两点：

（1）实施计划，将上一步制定的计划落地实施。

（2）检查跟踪，在计划实施过程中，需要记录计划实施过程中遇到的问题、各个影响因素的变化、各阶段的完成情况。

举例：比如我今天划定了 3 个小时的时间去吃青蛙，那不管一天当中我们遇到了什么样的情况，我们都需要去守护我们这 3 个小时的青蛙时间。

再比如我们给某个任务规定了 4 个番茄钟的时间，那我们就要尽量在这 4 个番茄钟内把这件事完成，避免对后续的安排造成干扰。

也就是说，Do 这个环节要求我们在执行的过程中，应照着 Plan 一步步去做，排除万难也要使自己和计划保持一致。

2.7.3.3 C（Check）

按照计划中预设的检查点，定期检查或研究执行情况，包括且不限于“计划执行的怎么样？”“有没有达到预期的效果或要求？”，找出存在的问题。

该阶段步骤：

根据措施计划的要求，检查、验证实际执行的结果，看是否达到了预期。检查效果要对照措施计划中规定的目标进行，将采取的对策进行确认后，对采集到的数据进行总结分析，把完成情况同目标进行比较，看是否达到了预定的目标。

如果没有出现预期的结果时，应该确认是否严格按照计划实施对策，如果是，就意味着对策失败，运用 5Why 分析法，做多次的深入探讨，从结果着手，沿着因果关系链条，顺藤摸瓜，直至找出原有问题的根本原因，列出清单，重新进行最佳方案的确定。

总结一下，Check 的步骤可以分为以下两步：

（1）结果评估：检查结果是否达到预期，分析计划实施情况；

（2）原因分析：分析计划是否合理、外界因素如何影响计划实施等等。

每一件交代出去的任务，就像一个扔出去的回旋镖，最终必须回到手上，这是 PDCA 循环的关键。

有的人，你交代一个任务给他，他答应得好好的，但是从此就杳无音信了。你实在忍不住去问进展如何，他说："我早就完成了啊。"虽然他完成了你交代的事，但他没有回话。"回个话"，就是收回那只回旋镖。

在使用 PDCA 循环时，也要注意，每件事都要检查确认，确保回旋镖回到自己手上。

在检查反思时，还可以从以下几个维度开展：

- 我的计划是否合理？有没有识别出一天当中最重要的三只青蛙？预估的时间是否准确？

- 我有没有去守护我三只青蛙的时间？我有没有合理去利用我的高能时间段？
- 我这一天事情的完成程度怎么样？我完成了多少事？完成了多少重要的事？
- 我这一天的效率怎么样？有哪些可以提升的地方？
- 我这一天的时间利用率怎么样？这里面有多少水分？在哪些地方浪费了时间？下次如何去避免同样的问题？

2.7.3.4　A（Action）

对总结检查的结果进行处理，成功的经验加以肯定，并予以标准化，便于以后工作时遵循。对于失败的教训也要总结，以免重现；对于没有解决的问题，应提给下一个 PDCA 循环中去解决。

在实际的过程中，以上四个部分不是运行一次就结束，而是周而复始的进行，一个循环完了，解决一些问题，未解决的问题进入下一个循环，从而实现阶梯式上升。

该阶段步骤：

（1）标准化，固化成绩。对已被证明的有成效的措施，要进行标准化，制定成工作标准，形成典型经验，以便以后的执行和推广。在涉及更改标准、程序、制度时应慎重，必要时还需要进行多次 PDCA 循环加以验证。

（2）遗留问题转入下一期。对方案效果不显著的或者实施过程中出现的问题，进行总结，为开展新一轮的 PDCA 循环提供依据。依据在进行循环前制定的目标，完成一轮循环后，进行效果检查，若发现未达到目标值，总结经验，进行适当的调整后进入下一轮 PDCA 循环；对于暂时不能整改的问题，做好防范措施，进入下一轮循环。如果方案和执行方式的调整对于整体项目的优化并没有明显的作用，则需要考虑对总体目标进行调整，有三个方式："终止""变更"和"追加"。

"终止"，是指对调整方案研究的结果，人们对该项目已经"失去信心"，甚至觉得"无法挽救"，以至于不得不放弃该总体目标。

举例：撤销不创造利润的赤字部门（总体目标的终止）→ 终止 PDCA 循环。

"变更"，是指不得不变更目标的达成对象，抑或是达成日期。

举例：放弃参加今年的司法考试，集中精力为明年备战（总体目标的变更）→ 终止当前的 PDCA，开启一轮新的 PDCA 循环。

"追加"，是指在项目进行的过程当中遇到了无法预测的重大课题，为此不得不另行组织项目团队以应对新的挑战。

举例：在推进降低成本 PDCA 循环的同时，发现了不正当的会计处理（总体目标的追加）→ 延续当前的 PDCA 循环，同时开启一轮新的 PDCA 循环。

因此，在这一阶段，我们需要做到以下两点：

（1）改善措施，依据上一步的检查分析结果，提出改善意见，完善下一步的计划。

（2）预防机制，计划实施过程中出现哪些突发情况，如何预防，为以后的工作建立预防机制，防止可预见的意外情况影响计划的实施。

整个PDCA循环流程如下图所示。

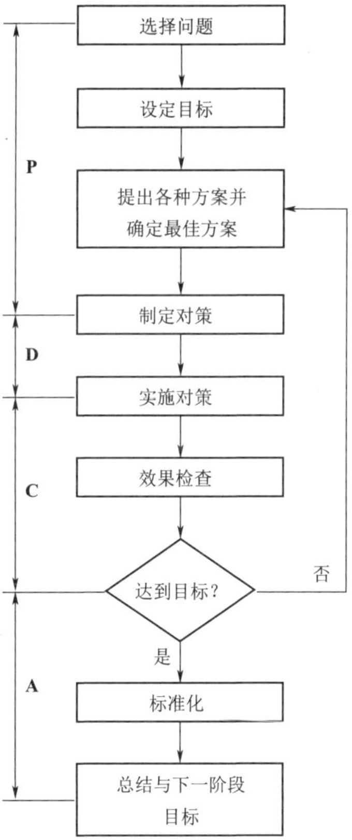

2.7.4　PDCA 的特点

2.7.4.1　大环套小环，小环保大环，推动大循环

如果把整个企业的工作作为一个大的 PDCA 循环，那么各个部门、小组还有各自小的 PDCA 循环，就像一个行星轮系一样，一级带一级，有机地构成一个运转的体系。

各级部门根据自己的方针目标，都有自己的 PDCA 循环，层层循环，形成大环套小环，小环里面又套更小的环。

大环是小环的母体和依据，小环是大环的分解和保证。

各级部门的小环都围绕着总目标朝着同一方向转动。通过循环把各项工作有机地联系起来，彼此协同，互相促进。

或者可以将某项工作的整体进度看作一个大环，各个阶段的分目标看作若干个小环，利用 PDCA 循环逐步推进整体工作完成。

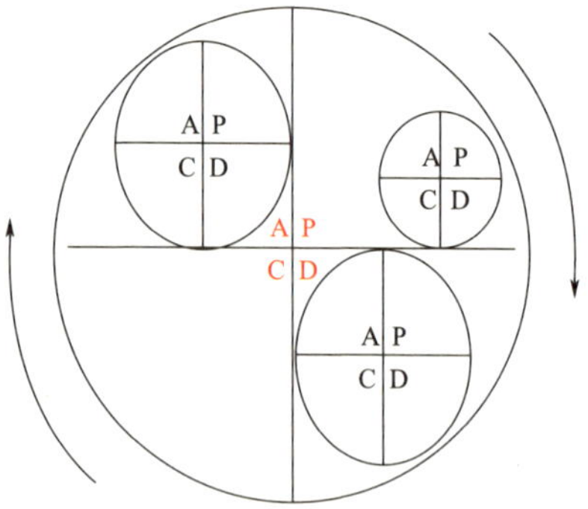

2.7.4.2　阶梯式上升

PDCA 循环是爬楼梯上升式的循环，每循环一次，就解决一部

分问题，取得一部分成果，工作就前进一步，一个循环运转结束，质量就会提高一步，然后再制定下一个循环，再运转、再提高，不断前进，不断提高。

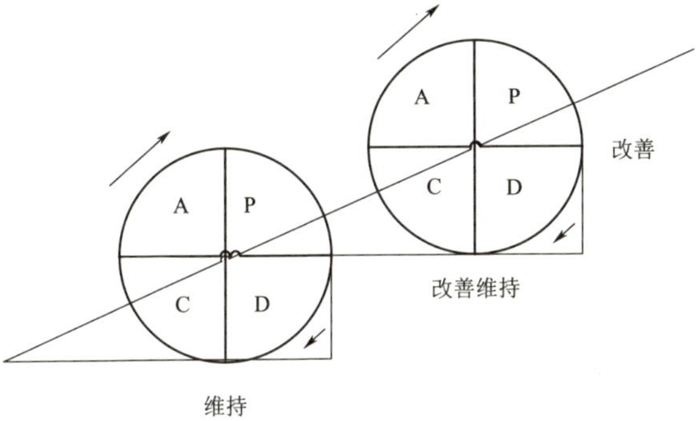

PDCA 循环不仅是质量管理活动规律的科学总结，是开展质量管理活动的科学程序，也是一种科学管理的工作方法。它同样可以在质量管理活动以外发挥重要效用。各管理体系共同遵循 PDCA 循环原理，这为管理体系整合奠定了基础，并提供了依据和方法。

2.7.4.3　综合性循环

PDCA 循环的 4 个阶段是相对的，它们之间不是截然分开的，阶段之间有相互的羁绊和联系。但推动 PDCA 循环的关键是“处理”阶段，因为处理阶段就是解决存在问题、总结经验和吸取教训的阶段。该阶段的重点又在于修订标准，包括技术标准和管理制度。

没有标准化和制度化，就不可能使 PDCA 循环转动向前。

2.7.5　PDCA 应用案例

我们来看一个与我们每个人的日常生活息息相关的案例。

案例：“做一个孝顺的好孩子”。

Plan（计划）

（1）分析现状：外出打工，不能常伴父母左右。

（2）设立目标：尽孝，让父母放心。

（3）提出最佳方案：每月回家一次。

（4）制定措施计划。

Do（实施）

（1）帮父母做家务，如打扫卫生。

（2）和父母每天说话聊天两小时。

（3）给父母购买需要的物品。

（4）陪父母逛逛街，和爸爸下下棋、打打牌。

（5）每周六晚上给父母打电话问候。

（6）……

Check（检查）

（1）检查执行的结果（父母的满意情况）：

父母笑容多了；父母希望我早日成家，让他们更加安心。

（2）总结经验，标准化：按上述 Do 阶段的措施继续执行。

Action（效果情况）

（1）父母很开心、放心；

（2）父母希望我早日成家（将“找一个男 / 女朋友”转入下一个 PDCA 循环）。

回顾 PDCA 循环模型，可以借助下图来帮助自己加深对 PDCA 循环运用与流程的记忆。

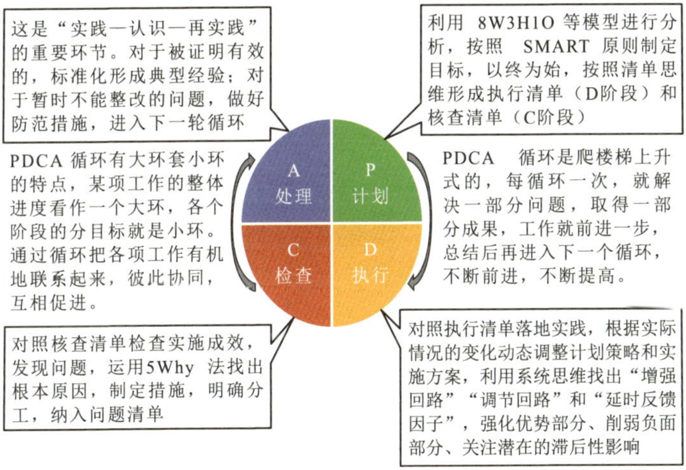

PDCA 除了应用在工作管理上，也可以用于自身的管理，比如每天给自己定下一天的目标计划，一天结束之后做检查反思，为第二天的计划做准备，这也是一种 PDCA 循环的应用。能合理运用 PDCA 循环，助力工作与生活。

2.8 职场常用模型之 SMART

1984 年，在东京国际马拉松邀请赛中，名不经传的山田本一出人意料地获得世界冠军。当记者问他凭什么取得如此惊人的成绩时，他说了这么一句话“用智慧战胜对手”。

当时很多人都认为他在故弄玄虚，因为马拉松比赛主要是运动员体力和耐力的较量，爆发力、速度和技巧都还在其次，说智慧取胜确实有点勉强。

10 年后，在山田本一自传中他写道：“每次比赛之前，我都要乘车仔细地看一遍路线，并把沿途比较醒目的标志画下来，比如酒店、大树、加油站等。比赛开始后，我就以冲刺的速度向一个个目标冲去。40 多公里的赛程，被分解成几个小目标，跑起来就轻松多了。如果一开始我就把目标定在终点线上，那么跑到十几公里的时候就疲惫不堪了。”

在山田本一跑步的过程中，目标起到了很大的作用。

之前我们在 PDCA、清单思维、8W3H1O、5M1E、5Why 等章节中都提到了怎么用 SMART 模型制订一个好目标。本节我们就来详细了解怎么用 SMART 模型制定目标。

2.8.1 为什么要研究 SMART

从山本田一的案例里能看出，很多时候，并不是我们能力有限，而是我们心中弱小的自我意识在作怪。大目标分解成若干个可衡量的小目标，当实现了第一个小目标的时候，我们就及时地得到了一个正面激励，对挑战大目标有了信心，那么企业目标也就不难实现了。

管理学大师彼得・德鲁克于 1954 年在《管理实践》中最先提出“目标管理”的概念。德鲁克认为，并不是有了工作才有目标，而是相反，有了目标才能确定每个人的工作。所以“企业的使命和任务，必须转化为目标”，一旦没有了目标，这项工作一定会被忽视。目标管理是以目标的设置和分解、目标的实施及完成情况的检查、奖惩为手段，通过员工的自我管理来实现企业经营目的的一种全员的、可预测的、可控制的管理方法。目标管理以目标为导向，以人为中心，以成果为标准，从而使组织和个人取得最佳业绩。

世界上最伟大的励志成功大师拿破仑・希尔也曾说过：“若要成功，我们必须先拥有某种东西，那就是明确的目标。我们知道自己想要什么，并强烈渴望去实现它”，目标并非命令，而是承诺；目标并非命运，而是方向；目标并不决定未来，而是动员团队力量来塑造未来的一种手段。一个合理的目标可以让我们不断审视自己的脚步，从而更有效、快速地实现人生梦想，也能将路途中的巨大难题化整为零，从而更容易的战胜它。

制订一个好目标是做好目标管理的基础和前提。SMART 模型是目前通行的制订目标的有效方式，正因为如此，我们才更应该研究 SMART 模型，明白它的含义、具体内容、适用范围，更好地在实际工作与生活中运用它。

2.8.2 什么是 SMART

SMART 原则是一种科学的制订目标的方法，已经被广泛应用到各个领域，可以用来提高目标设定的有效性。下表是 SMART 原则的各种常见变体。

字母	对应单词	中文意思	使用要求
S	Specific	明确的	目标应包括项目内容、衡量标准、达成措施、完成期限和资源要求
	Significant	重要的	目标要衡量各分目标与内容的重要程度
	Systematical	系统化的	评估指标必须是全方面、多维度的，不能片面侧重某一方面
	Stretching	延伸的	围绕宏观目标，延伸推导出具体方案
	Simple	简明的	目标应清晰明确、围绕核心，不是宽泛的
M	Measurable	可衡量的	评估指标包括数量、质量、成本、时间、上级或客户的满意程度
	Meaningful	有意义的	目标要有较强的引导作用和现实意义，相比于外在动机，更注重于内在动机
	Manageable	可管理的	目标要有实现各分目标的控制条件
A	Attainable	可达成的	目标要基于现实、有一定的挑战性

续表

字母	对应单词	中文意思	使用要求
A	Agreed	同意的	目标制定要经过上下级一致同意
	Assignable	可分配的	目标要层层分解，落实到每一个执行人
	Actionable	可行动的	各分目标要落实到具体操作措施
	Action-oriented	行动导向的	目标要引导执行人自主探究并采取行动
	Ambitious	雄心的	目标要远大，考虑长远发展和未来趋势
	Acceptable	可接受的	目标是要能够被执行人所接受的
	Accurate	准确的	目标内容应该具有准确性和合理性
R	Relevant	相关的	各分目标彼此相关又同时服务于总目标
	Realistic	实际的	目标是在现实条件下可行的、可操作的
	Result-oriented	成果导向的	目标完成后要做出所需的、可验证的可交付成果，且与评价指标有关
	Resourced	资源的	目标要考虑各资源设备的完备情况
	Rewarding	奖励的	目标完成后要让执行者有满足感，奖励措施包括奖金、奖品等物质奖励和奖章、奖状、嘉奖等精神奖励

续表

字母	对应单词	中文意思	使用要求
T	Time-bound	时限的	目标要有明确的截止期限
	Timely	及时的	目标要基于现状，动态设计
	Timetabled	时效的	目标要有明确的起始和截止期限
	Trackable	可跟踪的	目标要有过程管控和阶段评估
	Tangible	明白的	目标要有清晰、具体的衡量指标
	Top-level	高水平的	目标要远大，必须是努力奋斗才能实现的

在上述各种 SMART 原则变体中，以 S（specific）、M（measurable）、A（attainable）、R（relevant）、T（time-bound）最为主流，是学界普遍认同的五大原则。其他变体的意思大部分也都包含在上述 SMART 原则中，个别没有包含的更多是在目标执行过程中，或目标达成之后的，不适用于设定目标。因此，下面将具体分析该 SMART 原则。

2.8.3　SMART 要素分析

2.8.3.1　S：specific　明确性

明确性就是要用具体的语言清楚地说明要达成的行为标准，目标要清晰、明确，不可模棱两可。

举例：我要更好的职业发展。

这不是一个具体的目标，“我要升职加薪”会更具体一些，但是还不够具体，升到什么职位？增加多少薪水？如果不说明具体到哪里，又如何能到达那里。

因此，我们可以更具体一些：我要升职到部门经理，增加一倍的薪水。想象的越具体，达成目标的可能性就越大。目标不明确，就无法衡量和执行。

实施要求：目标明确性可以借助 8W3H1O 进行衡量，把每个任务细化到时间地点内容对象等 12 个要素。目标明确化、具体化，可以让自己在达成的过程中始终有清晰的认知，明白自己的进度，以及考量与目标的差距。

2.8.3.2　M：measurable　衡量性

衡量性就是指目标应该有一组明确的数据，作为衡量是否达成目标的依据。

举例：截止到 12 月底，各部门员工基本通过安规考试。

这个目标存在问题，不可以进行衡量。其中“基本通过”是一个很难衡量的概念，是一个概数。通过多少才是“基本通过”？80% 的员工通过安规考试算不算基本通过，那 70% 呢？

如果改成“截止到 12 月底，各部门员工安规考试通过率 ≥ 90%”，会更加确切，便于操作执行和监督检查。目标无法衡量，就无法对照，难以达成。

实施要求：目标的衡量标准遵循“能量化的量化，不能量化的质化”，从而使其有一个统一的、标准的、清晰的可度量的标尺，杜绝在目标设置中使用形容词等概念模糊、无法衡量的描述；对于目标的可衡量性应该首先从数量、质量、成本、时间、上级或客户的满意程度五个方面来进行。如果仍不能进行衡量，可考虑将目标细化再衡量；如果仍不能衡量，还可以将完成目标的工作进行流程化，通过流程化使目标可衡量。

2.8.3.3 A：attainable 可实现性

可实现性是指目标是基于现实且具有一定挑战性的，能够被执行人所接受的。目标设定要依照自身的能力条件、内外部可用资源、当前发展和未来可能发生的情势等情况，区分阶段按步骤实施。

举例：一个没有阅读习惯的人立志要一年读 300 本书。

这是典型的不可实现的目标。即使逼迫自己真的破天荒的看完了，看书质量、收获也是可以预计的。没有相应的阅读经验、技巧和习惯，没有构建庞大的知识体系，没有深厚的知识积累，阅读难度大，效率低，最终结果可想而知。

如果改为“每月精选一本书籍，阅读并完成一篇读书感悟”，这样就的目标虽然具有一定挑战性，但是可以完成，并且有所收获。无法达成的目标，等于没有目标。

实施要求：既要使目标内容饱满，也要具有可达性。目标的可实现性并不等同于没有挑战性。我们可以制定出跳起来“摘桃”的目标，不能制定出跳起来“摘星星”的目标。也就是说，要坚持“跳一跳能够着”的原则，通过自己的努力能够实现目标，既有自信心与成就感，也能提升自己的能力。

2.8.3.4　R：relevant　相关性

相关性是指实现此目标与工作中的其他目标是相关联的，且彼此不冲突。总体来说，各个目标彼此相关又共同服从于总目标。

举例：实施全员职业素质提升计划，要求各级员工于 9 月末进行商务英语的培训，12 月末各级员工必须通过商务英语Ⅰ级考试。

工作目标的设定，要与岗位职责相关联。提升员工职业素质有必要让所有人都要通过商务英语Ⅰ级考试吗？这一目标的实现对部门、公司的整体营运有什么影响呢？实现没有意义的目标就是浪费资源。

实施要求：设定的目标必须和自己的身份或理想相关联。对于职场新员工来说，目标应当和工作岗位、工作职责相关联。如果你只顾着捡芝麻的目标而忽略了摘西瓜的本职，那么你的目标实现得越多，你就偏离正确的方向越远。

2.8.3.5　T：time-bound　时限性

时限性就是指目标的达成是有时间限制的。

案例：请员工每周按时提交工作报告。

“按时”是指什么时候呢？上周五还是本周一呢？上午还是下午呢？目标的完成期限一定不能留有任何余地！若改为“每周五 10:00 前将工作报告通过微信或邮箱发送给负责人，负责人在 11:00 前将汇总后的工作报告发送给部门领导”，则完成时间更明确清晰，目标更便于执行，过程更易于管控。

实施要求：设置最终期限可以让自己有一定的紧张感。如果目标没有时间限制，就会被其他更紧急的事情挤到后面，时间久了你就会淡忘。所以，制订目标时一定要细致到每天的工作事项后面都要加上时间节点，从而督促自己推进工作，避免拖延，提升效率。

在明确了 SMART 原则的内容之后，可以根据 SMART 原则设定目标。在设定目标的过程中，还可以将 SMART 原则作为一个标准，不断对设定的目标进行评估，同时充分考虑所研究问题的具体情况，制定出现实、可行的工作目标，并不断地发现问题，及时修正。

2.8.3.6　SMART 应用案例

现在我们对 SMART 原则已经有了一定的理解了。然而在实际工作中，很多领导并没有真的运用这个原则来安排工作、下达指令，这时会发生什么情况呢？作为新员工，遇到这种情况又该怎么办呢？先来看一个案例。

案例：某公司领导给新员工小强安排了任务，小强边听边点头答应。于是领导以为这个事情小强已经明白了，小强也自认为已经明白领导的意思了。

过了一个星期，领导看见小强，问他事情有什么进展，小强回答说，还没开始进行呢。领导火一下就上来了，语气非常严厉："就这么一点事，都一个星期了，你竟然还没干，到底怎么回事啊？"

小强看见领导生气，自己也很委屈，说："当时你没跟我说需要什么时候完成这项工作，而且刚好我手里还有一些别的工作，所以我打算先把别的事情做完了再开始这项工作。"

"我给你安排的工作肯定是重要又紧急的，必须优先安排才对啊，好了，既然这样，今天是周一，这周四下班前必须完成。"

小强回去以后，紧赶慢赶，连续加了三个班，周三晚上还差不多熬了个通宵，终于在周四快要下班的时候完成了这项工作，发给领导，心里还美滋滋地想着，明天早上领导肯定要表扬我啦。

周五一上班，领导把他叫进了办公室，接着又是一顿批评"我当时给你交代任务的时候已经说得清清楚楚了，为什么你做出的东西跟我的要求完全不一样呢？你的工作状态最近有问题啊，要赶紧调整，跟上节奏，要是这样工作下去可不行。"小强这次哭的心都有了，"领导，我的确是按照你当时的要求来做这个事情的，不知道为什么你的要求变了"。

总结一下这个案例。两个星期过去了，小强辛辛苦苦干了四天，最后领导很不满意，小强很受打击，这项工作相当于没有干。这不是他们想要的结果，但为什么会出现这样的情况呢？

作为下属，如果遇到一个严格按照 SMART 原则给自己布置任务的领导，那是我们的幸运。但大多数时候我们没有选择的权利。尤其是初入职场的新员工，我们相对比较被动，因为我们无法选择自己的领导，只能做任务的承担者和执行者，获得的信息相对来说也较少。

因此，想要把工作做好，一定要更加积极主动。

首先，要主动思考。领导布置任务的目的是什么，责任边界在哪里，可以用 8W3H1O 模型一次性将任务要求沟通完毕。

其次，任务执行过程中要主动请示汇报。因为领导的想法和认知也是在不断更新迭代的，及时请示汇报不仅可以让领导随时掌握任务进展，从而对你感到放心，逐渐积累对你的信任；同时也是你了解领导新想法的机会，便于你根据领导最新指示和要求及时调整自己的执行方案。

最后，任务结束后还要主动复盘总结。这一步能够使自己对工作更加了解，未来处理类似工作更加得心应手；同时也是自我提升的过程，理清工作思路，发挥自己的优势，避免后期踩到同样的雷。

最后，根据 SMART 原则的五个要素及其使用原则、注意事项，我们给大家提供一个应用 SMART 原则设定目标的建议模板，并结合案例具体展示如何运用建议模板设定目标。

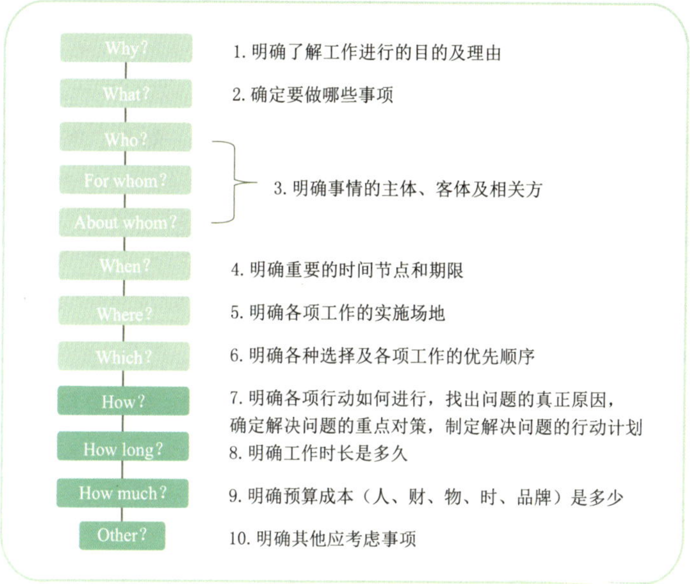

案例：“公司人资部组织本年度新入职员工进行信息知识技能水平培训”，初步目标为“组织新员工在一个月内完成 4 门信息课程培训，一周一门，并要求全部通过考试，合格线为 80 分。”

乍一看，感觉目标很具体明确。但是运用 SMART 原则分析一下，发现还是存在一些问题。

明确性要求目标应包括项目内容、衡量标准、达成措施、完成期限和资源要求，其中项目内容是组织新员工完成 4 门信息课程培训，衡量标准是考试通过率，达成措施是老师教授课程，但未提及师资来源，不满足。

衡量指标包括数量、质量、成本、时间和上级或客户的满意程度，目标完成要求通过率和合格线分别为 100%、80 分，衡量指标不模糊、具体。

可实现性要求目标要基于现实、有一定挑战性，且能被执行人接受，新员工的学历高、基础扎实，合格线 70 分没有挑战性，90 分难度较大，80 分正好。

相关性要求各目标彼此相关又同时服从于总目标，分目标“一周一门信息课程培训”都属于信息类，且同时服从于总目标“对新员工进行信息知识技能水平培训”。

时限性要求目标要有明确的截止期限，时间是在一个月内，但不够具体，未明确到底是哪一个月，8 月还是 9 月？对此，我们可以完善目标为“8 月 1 日起，聘请外部培训老师，组织新员工在一个月分别完成 Linux、Oracle、Python 和 Weblogic 4 门信息课程培训，一周一门。8 月 31 日全部通过最终考试，合格线为 80 分。”

应用 SMART 原则设定目标的建议模板

设置目标的场景					
初步设定的目标					
字母	对应单词	中文意思	使用要求	目标对应内容	符合度
S	specific	明确的	目标应包括项目内容、衡量标准、达成措施、完成期限和资源要求		满足 / 未满足
M	measurable	可衡量的	衡量指标包括数量、质量、成本、时间和上级或客户的满意程度		满足 / 未满足
A	attainable	可达成的	目标要基于现实、有一定挑战性，且能被执行人接受		满足 / 未满足
R	relevant	相关的	各分目标彼此相关又同时服从于总目标		满足 / 未满足
T	time-bound	有时限的	目标要有明确的截止期限		满足 / 未满足
完善后的目标					

说明：

（1）场景：用于设定各种目标时对照检查目标拟定的内容是否合理、有效。

（2）作用：设定符合 SMART 原则的目标，能够使目标更加具体、明确，有利于目标被更加高效地落实，还为考核提供了目标和标准。

应用 SMART 原则设定目标的参考案例

字母	对应单词	中文意思	使用要求	目标对应内容	符合度
设置目标的场景		公司人资部组织本年度新入职员工进行信息知识技能水平培训			
初步设定的目标		组织新员工一个月内完成 4 门信息培训课程，一周一门，并最终全部通过考试，合格线为 80 分			
S	specific	明确的	目标应包括项目内容、衡量标准、达成措施、完成期限和资源要求	项目内容是组织新员工完成 4 门信息课程培训，衡量标准是考试通过率，达成措施是老师教授课程，但未提及师资来源	未满足
M	measurable	可衡量的	衡量指标包括数量、质量、成本、时间和上级或客户的满意程度	目标完成要求通过率和合格线分别为 100%、80 分，衡量指标具体、不模糊	满足
A	attainable	可达成的	目标要基于现实、有一定挑战性，且能被执行人接受	基于新员工的高学历和扎实基础，合格线 70 分没有挑战性，90 分难度较高，80 分正好	满足
R	relevant	相关的	各分目标彼此相关又同时服从于总目标	分目标“一周一门信息课程培训”都属于信息类，且同时服从于总目标“对新员工进行信息知识技能水平培训”	满足
T	time-bound	有时限的	目标要有明确的截止期限	时间是在一个月内，但不够具体，到底是哪一个月，8 月还是 9 月	未满足
完善后的目标		8 月 1 日起，聘请外部培训老师，组织新员工在一个月分别完成 Linux、Oracle、Python 和 Weblogic 4 门信息课程培训，一周一门。8 月 31 日全部通过最终考试，合格线为 80 分			

2.9 职场常用模型之时间管理四象限

你有没有过这样的体验：

有时候处理一些火烧眉毛的事情，感觉自己就像救火队员。这边有事了，就赶紧应付下；还没忙完，那边又找我们去帮忙处理一些急事。在这样的来来回回忙碌和盲目中，提心吊胆、压力很大、身心疲惫，但是到了工作总结和汇报的时候，却又觉得没什么好总结汇报的。

如果你遇到过这样的情况，阅读完本节内容，再多多练习使用这个模型，将其运用于工作与生活中，相信你一定会慢慢变成一个时间管理大师。

这个模型就是传说中的“时间管理四象限”模型。说它是“传说中”的，是因为很多人都知道或听说过“时间管理四象限”，但却很少有人能真正使用它管理自己的时间。因此，如果你愿意从现在开始，重新认识它，认真学习它，合理使用它，那么你一定能“快”人一步。

2.9.1 什么是时间管理四象限

首先区分一下什么是重要任务和紧急任务。重要任务是指那些直接有助于实现你的目标的任务，而紧急任务是那些需要你立即处理的任务，否则就会导致不良后果，尽管这些任务可能只是更多地与他人的目标相关。

2.9.1.1　第一象限（重要且紧急）

这一象限的工作可以称为危机式工作，这一类的事情具有时间的紧迫性和影响的重大性，无法回避也不能拖延，必须首先处理、优先解决。

举例：重大项目的谈判、紧急问题的处理、重要会议或工作、接待重要的人物等状况紧急、迫切的问题。

备注：只有在极少数的情况下，各种因素同时出现并且具备相关条件时，这件事情才可能成为第一象限中的事件。

2.9.1.2　第二象限（重要但不紧急）

这一象限的工作可以称为未来式工作，重要但可以循序渐进进行，从长远来看，它的潜在回报和收益最大。而这些事情往往被人们所忽视。

这一象限的事件不具有时间上的紧迫性，但是它对于个人或者企业的存在和发展以及周围环境的建立维护，都具有重大的意义。

举例：企业文化的建立、项目计划、项目准备、人际关系建立、培训学习、孩子教育等准备工作或预防措施、计划。

备注：大多重要紧急的事情都是从重要不紧急的事情转变过去的，在第二象限上花的时间越多，在第一象限上花的时间就越少。

2.9.1.3　第三象限（不重要且不紧急）

这一象限的工作可以称为娱乐式工作，即一些琐碎闲杂的事务，没有时间的紧迫性，没有任何的重要性，也不会产生任何的价值，是一个完全没有必要进入的象限，它完全没有意义。

举例：微博、短视频、游戏、闲聊、广告函件等忙碌琐碎的事或逃避性活动。

2.9.1.4 第四象限（不重要但紧急）

这一象限的工作可以称为干扰式工作，是一些无奈的工作。涉及的活动往往高度紧急且令人心烦意乱，它们往往价值较低。这一象限的事件具有很大的欺骗性，因为很多人会认为紧急的事情都显得重要。

举例：无谓的电话、信件往来、应酬、会议等，以及一些迫在眉睫的急事或符合别人期望的事。

2.9.2 为什么要使用时间管理四象限

当今社会，到处充斥着紧迫感，每个人都想把所有的事情迅速做完。在事务总量进一步增加以后，你会发现要把每件事情都安排到时间表上越来越困难，这时就需要思考应该优先做什么，以及在时间不够的情况下应该舍弃哪些。根据这种情况，按照事件的重要性和紧急性的程度把事务分为四个象限：重要且紧急的、重要但不紧急的、不重要但紧急的、不重要且不紧急。

四象限法是一种有效应对大量事务的思考方法。它可以帮助检查某个特定的任务或活动是否能更接近你的目标。一旦这样做，就会确切地知道哪些任务和活动应该优先处理，而对于那些花费时间，却对结果贡献甚少或几乎没有贡献的任务和活动则可以稍后处理或舍弃。

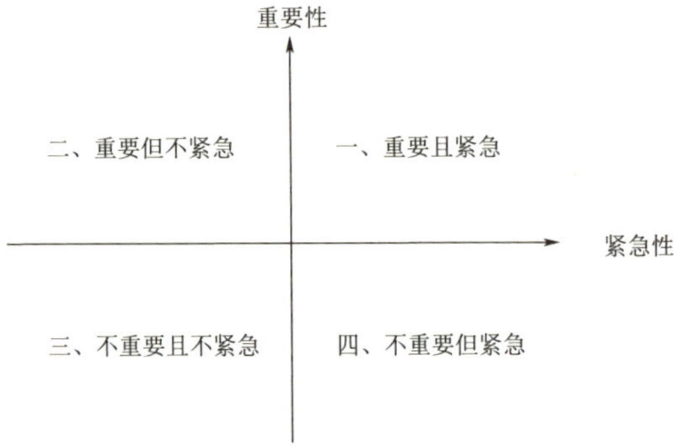

2.9.3　如何运用时间管理四象限

重要不紧急型任务好比石块，重要紧急型任务好比碎石，不重要紧急型任务好比细沙，不重要不紧急型任务好比作水。假如我们把有限的时间比作一个大水缸，那么把水缸装满的智慧方法就是先装石块，然后装碎石，再装细沙，最后灌满水。

优先顺序 = 重要性 × 紧迫性。在进行时间安排时，应权衡各种事情的优先顺序，要学会“弹钢琴”。

对工作要有前瞻能力，防患于未然，如果总是在忙于救火，那将使我们的工作永远处理被动之中。

2.9.3.1　优先第一象限（重要且紧急）

◆ 处理方法：立即去做。

◆ 目的：努力控制，避免工作计划陷入这样的困境。

◆ 处理原则：越少越好，很多第一象限的事情就是因为他们在第二象限没有被很好地处理。

2.9.3.2 投资第二象限（重要但不紧急）

◆ 处理方法：有计划地去做。

◆ 目的：避免工作计划被打乱。

◆ 处理原则：集中精力处理，投资第二象限，布局发展，做好计划，先紧后松。

2.9.3.3 远离第三象限（不重要且不紧急）

◆ 应用原则：删除任务，尽量别做。尤其工作时间请务必禁止。

◆ 目的：放松身心无压力，但不可过度。

◆ 处理原则：可以当作休养生息，但是一定不能沉溺。

2.9.3.4 走出第四象限（不重要但紧急）

◆ 应用原则：交给别人去做。

◆ 目的：避免陷入忙碌又盲目的工作状态。

◆ 处理原则：将身上的“猴子”扔到别人身上。

同样的事情对不同的人来说可能被归入不同的类型，重要或紧急的程度很难把握，最后很可能导致有多件重要或紧急的事，却不知道先做哪个。再者，重要和紧急是一个动态变化的过程，现在不重要或不紧急的事情很可能因为领导的要求就变成重要紧急事项。

重要的是，采取的每一步行动都要有明确的指向，要确定这一步行动是否更靠近自己设定的目标。

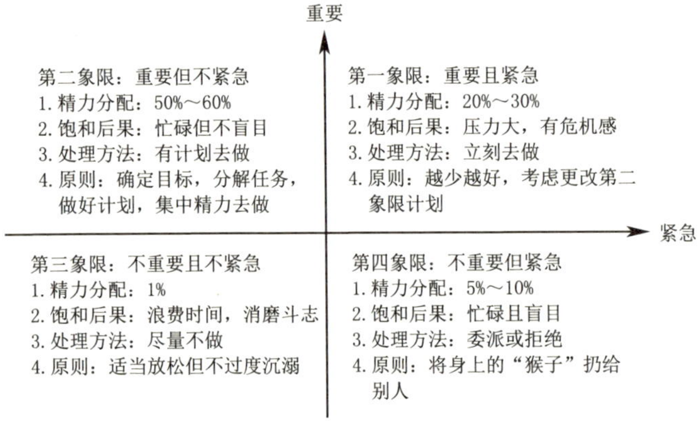

2.9.4　时间管理四象限的风险点及对策

2.9.4.1　衡量事情的重要性

大家都知道要优先安排完成最重要的事，什么才是最重要的事？

这就需要找到自己的价值观，然后才能根据价值观对人、事、物做出评估，最后才能决定什么是最重要的事。

在职场中，每个人都有自己的职业价值观，职业价值观是评价一件工作重要程度的标准。虽然职场中很多人还说不出自己的职业价值观是什么，但其实大家都是按照自己的职业价值观进行评估和取舍的。

下面提供一个《职业价值观测试量表》帮助你进行测试，找出自己分数最高的三个职业价值观。具体职业价值观如下表所示。

价值观	说　明
利他主义	工作的价值在于为大众的幸福和利益尽一份力
美感	工作的价值在于能够不断追求美的东西，得到美感的享受
智力刺激	工作的价值在于不断进行智力操作，动脑思考，学习及探索新事物，解决新问题
成就感	工作的价值在于不断创新，不断取得成就，不断得到领导和同事的赞扬，或不断实现自己想做的事情
独立性	工作的价值在于充分发挥自己的独立性和主动性，按照自己的方式、步调想法去做，不受他人的干扰
社会地位	工作的价值在于所从事的工作在人们心中有较高的社会地位，从而得到了人的重视和尊敬
管理	工作的价值在于获得对他人或某事物的管理支配权，能指挥和调遣一定范围内的人或事物
经济报酬	工作的价值在于获得优厚的报酬，使自己有足够的财力去获得自己想要的东西，生活过的较为富足
社会交际	工作的价值在于能和各种人交往，建立比较广泛的社会联系和关系
安全感	不管能力怎样，希望在工作中有一个安稳局面，不会因为薪资、工作调动等经常心烦意乱
舒适	希望将工作作为一种消遣、休息或享受的形式，追求比较舒适、轻松自由的工作条件和环境
人际关系	希望和同事领导相处在一起感到愉快、自然
变异性	希望工作的内容应该经常变换，使工作和生活显得丰富多彩，不单调

当找到了自己的职业价值观之后，在处理工作中的事务时就得心应手多了，比如有两件事情扑来，该如何决定它们的优先级呢？

一件事情是解决项目组所有人都没有办法搞定的技术难题，另一件事情是主持新项目的管理工作，如果是“管理”的职业价值观，就会选择主持一个新项目；如果是“成就感”的职业价值观，就会充满激情的投入到技术攻关中去。最重要的是，价值观没有对错之分，价值观可能由于经验的积累、环境的变更而不断调整。

2.9.4.2　避免事情集中在第一象限

知道了如何评估重要程度和紧急程度，接下来就是如何处理四象限中的事项了。

第一象限就是一片“雷区”，进入这个象限的次数越少越好。第一象限 80% 的事务都来自于第二象限没有被很好地处理的事务，也就是说压力和危机都是自己强加给自己的。

如果时间都被该象限事项充斥，说明两个问题：

（1）第二象限的工作计划不合理，或超出我们的工作能力，或执行不到位。

（2）在第三、第四象限花费了太多时间。

因此，应对策略主要是提高第二象限的工作效率，在自己能掌控的时间里尽快完成该象限的事务。

2.9.4.3　走出第四象限，将身上的“猴子”扔给别人

具体方法如下：

（1）紧急不等于重要，要学会评估这件事相当于手头其他事情的重要程度。

（2）明确自己的职责边界，请说明缘由后礼貌说“不”，注意沟

通方式，明确、坚决、不生硬。

（3）当没有“抛猴子”的下一级，或对方非要把事情甩给我们时，那一定要和当事人沟通该事情的想法和预期的结果，不要不明不白的接下来。

（4）提高执行力，在自己能掌控的时间里尽快处理自己的重要事项，把空下的时间处理别人的“猴子”，不影响自己的工作计划。

2.9.4.4　走入第二象限

第二象限工作法是四象限的核心和最终目的。应该将主要精力集中在解决第二象限内的事务，平时经常制定的工作计划和工作目标都是相对于第二象限来分析的。

首先自上而下，明确目标描述，对目标和任务进行分解，将大目标、大任务分解为小目标、小任务。然后自下而上，小目标、小任务按照优先级或里程碑排序后落实到时间表，便于对照任务的目标描述，进行执行和检查。小目标能降低任务难度，增强执行过程中的成就感、获得感，小任务能帮助进度控制，可以明确知道该任务是否造成了拖延，并相应调整后面任务的时间规划。

（1）只有不断执行“重要但不紧急”的工作，才是正确的四象限工作法。切忌因为不紧急就轻易忽略其重要性。

（2）紧跟组织的大方向，把公司发展和个人重要事项紧密结合，避免发生自己的重要事项在组织发展中可有可无。

（3）随着个人身份角色的变化，自己重要不紧急的事项要灵活调整。

2.9.5 时间管理四象限应用案例

了解了应用原则，接下来我们分析一个案例，学习怎么在实践中应用它。

下表是本周需要完成的所有事情，请根据前面的知识，把事情放在时间管理四象限中。

序 号	事 项 名 称
1	临时的技术研讨会
2	帮助同事解决写代码时遇到的 bug
3	领导安排写一个项目说明文档
4	对上线系统进行全面测试
5	看连载漫画
6	若干通知开会的电话
7	编写新项目的概要设计
8	看球赛
9	安抚投诉的客服
10	归档本季度的重要文件
11	和领导参加产品会
12	去办公室领取打印纸
13	已上线系统出现漏洞

怎么样？是不是有点“老虎吃天，无处下口”的感觉？

其实这张表里列出的是我们或多或少都会遇到的问题，但是如何将这些事情放入四象限中呢?

首先我们要对待办事项清单进行改造，给清单多加上几个字段，他们分别是重要程度、紧迫程度和优先级：

（1）先“轻重”，给所有任务以职业价值观为标准标出“重要”或者“不重要”。

（2）再“缓急”，给所有任务以截止日期为标准标出“紧急”或者“不紧急”。

（3）最后按照个人意愿给所有任务标出“高”“中”“低”三种优先级。

现在我们来看一下改造过的清单是什么样子。

序号	事 项 名 称	重要程度	紧迫程度	优先级
1	临时的技术研讨会	不重要	紧急	高
2	帮助同事解决写代码时遇到的 bug	不重要	紧急	低
3	领导安排写一个项目说明文档	不重要	紧急	中
4	对上线系统进行全面测试	重要	不紧急	高
5	看连载漫画	不重要	不紧急	低
6	若干通知开会的电话	不重要	紧急	中
7	编写新项目的概要设计	重要	不紧急	高
8	看球赛	不重要	不紧急	低
9	安抚投诉的客服	重要	紧急	高
10	归档自己的重要文件	重要	不紧急	中

续表

序号	事　项　名　称	重要程度	紧迫程度	优先级
11	和领导参加产品会	不重要	紧急	低
12	去办公室领取打印纸	不重要	紧急	低
13	已上线系统出现漏洞	重要	紧急	高

这样看，清单就清晰了许多。但是，还没结束，接下来需要根据重要、紧急程度及改造后的清单内容放入相应象限中，并按照优先级在相应象限内排序。

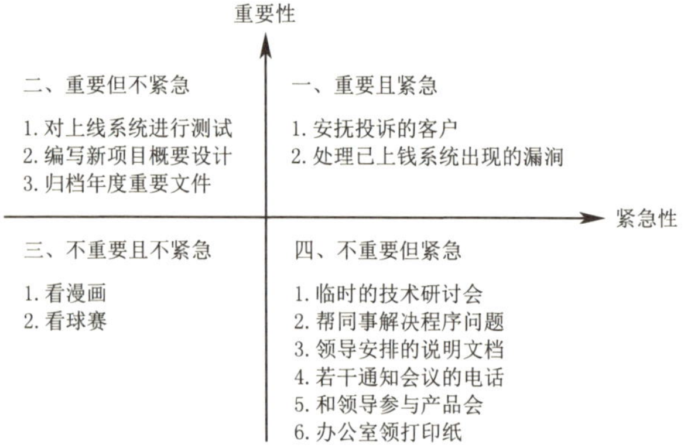

将一周的事务放入四象限以后，再对照一下刚才你对事项的分类，看看平时的工作是不是主要集中在第三象限，这也是你平时工作忙碌但是盲目的原因。

在第二象限中，如果对系统没有进行及时全面的测试，一旦系统运行出现问题，瞬间就变成了第一象限重要紧急的事项。

看到这里，你一定知道了第二象限的事务才是我们最应该重视的。因此四象限法也可以称为第二象限工作法，第二象限工作法是四象限的核心和最终目的，我们要将自己的精力投资在第二象限。

经过前文所述，我们已经达成了几点共识：

（1）根据自己的职业价值观评估某件事务的重要程度。

（2）根据事务的截止日期判断事务的紧迫程度。

（3）同样的事情对新员工、老同志、领导来说可能被归入不同的类型，重要和紧急会根据身份角色、环境等因素而动态变化。

（4）除了管理自己的事项，当我们的任务需要别人配合协作时，我们要根据任务的内容和要求积极主动地把自己的事项推入他人的四象限中，达到管理他人时间的境界。

（5）我们应该将自己的主要精力集中在解决第二象限内的事务。

刚才提到，第二象限工作法是四象限的核心和最终目的。那么如何做到这一点呢？

我们可以对第二象限的事务进行目标描述和事务分解。拿前面的案例来说，重要但不紧急的事务有：对上线系统进行测试、编写新项目概要设计、归档重要文件对系统进行全面的测试。

接下来我们对排名第一的事项——对上线系统进行测试，进行任务的分解和目标的描述。如下表所示。

项目	任务	目标	时间	负责人	是否完成
对系统进行全面测试	开会研讨测试策略	在测试方案上达成一致	2 天	小强	
	编写测试大纲	完成对系统进行完整测试计划	0.5 天		
	测试	按照计划进行测试	1 天		
	填写测试报告	形成测试报告，递交项目主管	0.5 天		

对第二象限的事务进行目标描述和任务分解有什么好处呢？

◆ 迫使我们将精力花在第二象限，这非常重要。

◆ 有利于将一个项目做细，做得有计划，时刻指导你下一步该做什么，也更加有行动力。

◆ 明确任务完成的标准，当达到标准的时候就可以放下你心中的大石头，减轻压力。

◆ 分成小的目标有利于进度控制，可以明确地知道该任务是否造成了拖延，并立即调整后面任务的时间规划。

简单地讲，就是消除时间管理的三大杀手——拖延、犹豫不决、目标不明确。

如果你能按照上述要求去做，应该在一月之内就会发现，你每天的大部分时间都投资到了第二象限，从而完成了工作重心从第三象限到第二象限的转移，与此同时工作也将渐渐走上正轨。到那时，你应该就已经完全掌握了第二象限工作法。

时间管理并不是追求在 1 个小时里能做 3 件事或者是 5 件事，时间管理的目的应该是充分利用时间来创造最大的价值。

我们应当将自己的精力投资在第二象限，即使我们会暂时无法处理一些紧急但不重要的事情，但最终我们投资在第二象限的价值一定会体现出来。

同时，我们开始做一件很重要的事情以后，就一定要坚持着做下去，尽可能要把这件重要的事情完成之后，再去考虑做其他事情，这对你效率的提高是非常有帮助的。

当然，作为职场新员工，主要扮演着学徒、助手、砖头、听众、弱者的五种角色，我们的第一象限、第二象限可能很多是领导和师父的第三象限、第四象限，我们也要端正态度，认真把该做的做好。

时间管理，管理的是承诺。

我们每天都在接收和发出各种承诺，答应别人的事，是一种承诺，答应自己的事，也是一种承诺。

记住，时间不可管理，管理的是自己！

2.10 职场中如何请示汇报

大家都知道，沟通很重要，沟通无处不在。请示汇报是职场中最重要的沟通。

请示，就是请求上级的指示。上级发布指示后，你“领旨”办事。

汇报，就是向上级报告有关的情况。上级可能发表意见，也可能不发表意见，了解情况即可。

请示汇报，都是自下而上的行为，是对职场责权利关系的尊重和遵守。请示和汇报是两门技术活，能够直接反映当事者能力和情商的高低，领导、同事对职场新员工的好评、差评，大部分出自或间接出自请示汇报，尤其是在一些重要的事项上。

因此，请示汇报值得好好学习和研究。

2.10.1 做好职场请示汇报的意义

请示汇报帮助领导了解进展情况，及时修正不足之处，让执行更顺畅；帮助领导看到你的努力，知道你的能力和付出；帮助你增加跟领导的接触机会，让领导了解你，帮助你跟领导建立信任关系。

职场中，请示汇报主要有六个方面的意义。

2.10.1.1 尊重领导的表现

下属的权力，是领导赋予的。及时向领导请示汇报，体现了对领导的尊重。领导及时掌握事情的进展，有了掌控感，心里才不会焦虑。否则，领导不了解事情的状况，感觉到失控、焦虑，就可能会对我们不满。

领导最怕员工只知道埋头干活而不汇报，因为这样容易给人“不可控、不可信任”的感觉。领导会担心：ta 怎么什么都不说？事情到底做到什么程度了？会不会出问题？

职场中有句话叫“会干还得会说，三分靠干七分靠说”。这句话虽然带有一些负面的意思，但是，也足见汇报的重要性。

2.10.1.2 领会意图的过程

人的认识和想法都有逐步深入、逐步成熟的过程。随着工作的逐步推进，领导的认识会逐步加深，想法和要求也会逐步更新和迭代，正因为如此，我们应该及时向领导请示、汇报工作，保证每个时间节点的工作都能尽量落实领导的意图。

2.10.1.3 向上沟通的机会

领导很忙，他只能从工作渠道了解你。我们都希望领导能充分地信任自己，信任有利于更好地展开工作。获得领导信任不是嘴上说说的表忠心，充分的信任是建立在充分的交流基础上，和领导交流的最好方法就是汇报，汇报的过程中你能了解领导，同时也是让他充分了解你、了解你的工作、了解你的价值、了解你的贡献。

2.10.1.4 请领导帮忙把关

领导比我们见多识广，可以更好地帮助我们把好关。

2.10.1.5 借助领导的资源

领导能调集的资源比我们多，我们及时请示汇报后，领导可以在他的能力范围内帮我们调集更多资源，能更好地帮助我们处理事务。

2.10.1.6 分担我们的压力

我们负责的工作，如果没有及时请示汇报，让领导知情，那么责任基本都在我们身上；但如果我们请示汇报了，领导就要承担起应有的责任来。

2.10.2 职场中如何做好请示汇报

2.10.2.1 请示汇报掌握的几条原则

（1）“礼多人不怪”。经常主动请示汇报对促进我们的工作及自身发展具有重要意义。做到“应请（示）必请（示），应汇（报）必汇（报）”，拿不准的宁多勿缺。

（2）请示要逐级进行。一般不越级请示，越级请示是大忌。直接请示更高的领导，结果更高的领导批示了，直接领导还不知道，会让自己的直接领导很被动，感觉自己不被重视。

（3）“一次只向一个主体请示”。多头请示容易造成各方意见不一致、不好落地的窘境。

（4）汇报要尽可能多的向需要了解情况的对象汇报。但是一般要遵循“先近后远”原则，即先向直接领导汇报、再向更高的领导汇报。

（5）请示要尽早，汇报要及时。不能等到事情变棘手了再请示，容易给领导添堵；不能等领导关心了再汇报，容易让领导被动。

（6）请示汇报要闭环。一件事向领导请示汇报了，领导也批示了，事也办了，承办的结果领导却不知道。这就是一个信息反馈不到位、汇报程序有缺漏的问题。要养成“闭环”的习惯，对请示汇报的每一个事项做到事事有反馈、件件有回音。这样，才便于领导及时了解掌握情况。

2.10.2.2　请示汇报的小技巧

（1）请示汇报前，做好功课，防止出现“一问三不知”的尴尬。或只知其一，不知其二；或一问就说，一说就错。如果一开口就语无伦次，词不达意，含糊不清，或是对应该掌握的基本常识一知半解，乱说一气，可能会让领导对你留下不好的印象。

做功课时，可以采用 8W3H1O 的框架进行分析，尽可能全面、准确地掌握相关信息。

（2）请示时，将工作或问题说明白。对于本职工作，必须拿出切实可行的建议来请领导定夺，千万不能把问题推给领导，问领导“这件事我应该怎么做”。领导要处理的事比我们多，比我们忙，没有那么多的时间和精力专门研究我们的事，如果遇到脾气急的领导，说不定我们还会挨批评。所以，应该尽量给领导出选择题，而非问答题。

比如，当你要向领导汇报工作上遇到的某个问题时，应该带着自己的几套解决方案去汇报。向领导分别简明扼要地介绍完你的几套方案后，说出你倾向于哪个方案及其原因，最后请领导帮忙选择定夺。一般来说，领导会从你提供的几种方案中直接选一个，也可能另外告诉你一套方案。

只有对于超出个人职权范围的事情，才可以交给领导决定。

（3）汇报时，分别从问题、原因、解决办法等讲清经过和可能的风险点，并等待领导指示。

汇报，可采用当面口头汇报和书面汇报。在当面不容易说清楚或上司很忙的情况下，不妨采用书面汇报，比如发个邮件，把内容阐述清楚，让他知道事件的进展，若上司有想法和意见，他自然会向你反馈。

2.10.3 典型案例

1. 把握关键节点，做到“应请（示）必请（示）”，避免失分

例如：

（1）当你遇到问题不知如何处理的时候需要请示。

（2）当需要处理的问题已经超出了你的权限范围的时候需要请示。

（3）当你感觉到要处理的问题是领导十分关心和重视的问题的时候需要请示，比如发布某些把握不准的信息。

2. 把握过程环节，做到“可汇（报）则汇（报）”，争取加分

（1）领导关心事项的重要节点一定要汇报，要让领导知道进展情况、是否在按计划进行、能否按期完成。

（2）当任务需要较长时间才能完成时需要定期汇报。

（3）遇到了困难和异常情况要汇报，让领导能掌控事件的发展；领导交办的任务完成或问题解决之后，要及时汇报，让领导放心。

比如，领导让你通知开会，你安排好之后应该跟领导汇报一下，让领导放心。

3. 两个职场常见的请示汇报案例

案例 1：领导发微信让新员工小何通知一些人下午 × 点在 × 会议室开 ×× 事项讨论会。小何该怎么请示汇报？

序号	节点内容	常规	加分	减分
1	收到微信	收到立即回复“收到，马上去落实”	一次性跟领导确认会议有关情况和要求	（1）收到没回复，领导担心没看到信息，再次询问。 （2）落实过程中，一遇到事情就请领导定夺
2	落实会议准备	没有异常，回复“准备工作已安排好”		
		有异常，缺少某个可能对会议效果产生很大影响的重要因素。比如，某个必须参加的人参加不了。汇报“会议不能按期召开，因为XX 参加不了”		没有汇报领导有异常情况，等领导进了会议室才发现会议无法正常开展

续表

序号	节点内容	常规	加分	减分
3	会议开始前		提醒领导参会	未提醒领导，导致领导迟到了
4	会后		主动写会议纪要、发会议报道，督促落实会议事项	（1）领导来催你写纪要、发报道。 （2）领导来催督促会议事项落实

案例 2： 小陈刚刚晋升为班组长，他心怀感激和知遇之情，便想好好管理自己的两个下属，为公司做出更大的贡献。

果然，在他的努力下，他们三个人的小班组为公司争取到了不少新的业务，在小陈晋升班组长大约半年后，班组业务提升明显。只不过，小陈只管埋头苦干，在这半年里，却没怎么和领导沟通。

这一天，领导找小陈谈话，问起了他们班组近期的工作。小陈就具体汇报了自己的思路，他的意思是从小客户入手，因为市场上大客户竞争实在太激烈，先从小客户入手，再慢慢向大客户渗透，应该是一个很好的办法。

然而，领导不但没有表示认可，反而问道："你还记得公司的目标吗？"小陈说："嗯，记得。一年后，公司的业绩要提升 20%。"领导听后，郑重其事地说道："那么，你们班组还是把精力放在对大客户的开发上吧！"小陈忍不住说道："可我们班组就三个人，这半年已经把能谈的大客户差不多谈完了，要继续的话，我们还需要更多的人。

否则，我们三个可能撑不住！”

没想到领导反而开始责怪他：“那你为什么不早告诉我呢？这半年来，我看到你们部门业务提升明显，还以为有足够潜力可以开发呢，你也一直没有来跟我多要几个人。是你的沉默制造了自己和同事的负担！”

案例分析：缺乏与领导的沟通，对领导的意图理解得不全面，只顾埋头苦干，结果使工作发生偏差，往往劳而无功，这都是因为没意识到“及时汇报”的重要性，没有定期向领导主动汇报工作进展。

定期向领导主动汇报工作进展是非常有必要的，汇报工作具有很强的时效性，及时的汇报才能收到最好的反馈。

第3章

初入职场怎么干

3.1 如何更好地接受新任务（8W3H1O）

一项新的任务，如果能通过一个方法，更好地明确任务的目标、边界和要求，就可以让任务目标更聚焦、边界更明确、内容更封闭、要求更清晰。在后续的执行过程中就能更好地集中资源做需要做的，避免偏离轨道导致白做工。

同时，在接受任务的时候把任务搞清楚，也可以帮助布置任务的人更好地想明白，对任务形成共识，从而避免在任务进行过程中因为信息遗漏而反复向任务布置者请教、请示、确认，引起对方的反感。

在实际工作中，可以借助结构化的 8W3H1O 模型来更好地接受一项新任务。关于 8W3H1O 模型的详细介绍前面已经做过阐述，下面提供两个具体案例，便于进一步理解并掌握该模型的应用方法。

案例 1：某咨询公司接手了一个培训项目，需要组织培训开班事宜，领导安排培训部的小陈与需求方进行对接。

小陈按照 8W3H1O 的模型对此次对接内容进行了梳理，把需要了解的情况列成 Excel 表格。

基于 8W3H1O 的培训需求对接清单

序号	具体内容		备注
1	Who	谁组织，及其联系方式	

续表

序号	具 体 内 容		备注
2	For whom	培训对象是谁（来源单位、人数等），他们对培训内容的熟悉程度如何	
3	About whom	还涉及谁，全面思考第三方（或间接对象）的利益、感受等	
4	Why	培训的目的及期望达到的效果	
5	What	培训内容、课程安排	
6	Where	培训地点、场地安排	
7	Which	对师资的要求，师资可能的来源，有无推荐师资（若有，尽量提供推荐师资的姓名、联系方式等基本信息）	
8	When	计划何时开始	
9	How long	培训多久（几期，每期时长）	
10	How	培训方式（线上 / 线下、理论 / 实操）	
11	How much	费用问题	
12	Other	其他要求（如资料购买；是否需要考试、发证等）	
13	总结		

经过梳理后小陈的对接思路清晰了许多，与需求方对接也更有针对性，在对接完之后又把收集到的信息整理成下表，汇报给了领导，让领导更清楚组织本次培训班的具体要求。

基于 8W3H1O 的培训需求对接清单

序号	具 体 内 容			备注
1	Who	谁组织，及其联系方式	毛主任，手机号：×××	
2	For whom	培训对象是谁（来源单位、人数等），他们对培训内容的熟悉程度如何	地市产业公司项目经理	50 人 / 期，共 2 期
3	About whom	还涉及谁，全面思考第三方（或间接对象）的利益、感受等	—	
4	Why	培训的目的及期望达到的效果	期望提高项目操作规范性，提高审计通过率，了解项目管控新政策	
5	What	培训内容、课程安排	标准化开工、标准化转序、标准化验收投运；过程中停工及复工操作；省公司文件解读	110kV 及以下线路，变电施工专业
6	Where	培训地点、场地安排	地市公司自己的培训场地	
7	Which	对师资的要求，师资可能的来源，有无推荐师资（若有，尽量提供推荐师资的姓名、联系方式等基本信息）	老师最好有电力施工现场项目经验，讲课生动、有趣味性	

续表

序号	具 体 内 容			备注
8	When	计划何时开始	预计今年 4 月开始	
9	How long	培训多久（几期，每期时长）	计划 3～4 天为一期，共安排 2 期培训	
10	How	培训方式（线上 / 线下、理论 / 实操）	线下，理论	
11	How much	费用问题	根据师资情况决定	
12	Other	其他要求（如资料购买；是否需要考试、发证等）	无需考试发证	
13	总结		对方需要我们帮忙寻找合适师资并提供报价； 老师要有现场经验、讲课生动	

案例 2：还记得“2.4 职场常用模型之 8W3H1O”的开篇案例吗？

一位人事部主管想要了解最近半年来人员的离职状况，于是交代一位工作人员进行调查了解，并要求其在三天以后汇报调查结果。

三天后接受任务的工作人员向主管报告，半年内总共离职 30 名员工。主管接着问各部门离职的人数有多少，不同年资的离职人员各有多少，男性、女性各占多少人，这位工作人员一概答不上来。主管不悦地说："我给你三天的时间，你只给我统计出一个总离职人数。"

这位工作人员的工作问题出在哪儿？

这次我们一起结合 8W3H1O 的具体内容逐条对照。

分析关键	具体内容	问题解析
Why？目的	明确主管为什么做这件事	不清楚主管为什么让做这件事情，应该和主管进一步沟通，了解主管的真实意图
What？做什么	调查各部门离职的人数，不同年资的离职人数，男、女性各占多少，且分析原因	没有明确要调查了解的具体问题是什么，应调查各部门的离职人员及与工作、薪酬等的关系，以及是否有非本单位以外的外部原因
Who？谁调查	人事部主管	已明确
For whom？调查谁	调查对象； 数据来源对象	已明确
About whom？相关方	可以向有经验的同事请教调查的项目、方法等	暂无
When？时间	什么时候开始调查	已明确
Where？地点	公司	已明确
Which？顺序	逐部门了解离职情况，形成报表，分析原因	他只是汇总了人数，没有进行后续工作，没有合理安排工作顺序
How？怎么做	如何开展调查	因为不了解调查的目的，所以也没有掌握正确的调查方法

续表

分析关键	具体内容	问题解析
How long? 多久	调查时长为 3 天	已明确
How much? 成本	时间	已明确
Other? 其他事项	暂无	暂无

通过分析可以看出，这位工作人员在 Why、What、Which、How 这 4 方面做的都有欠缺，导致了他此项工作的失败。

以上 2 个案例在职场中都比较常见，初入职场的新员工也有可能遇到。尤其是第 2 个案例，提醒我们在工作中接受任务时可以借助 8W3H1O 模型，弄清任务的真实意图，以便后续更好地完成好任务。

3.2 如何完成好一次资料（信息）收集任务

在日常工作中，职场新员工经常会被安排收集资料（信息）的相关任务。例如，会议材料的收集汇总、员工信息的统计上报等。那么，怎样才能及时高效地完成此类收集任务，并超出领导的预期呢？

经过系统分析与梳理，我们将资料（信息）收集任务按照时间结构分解为准备、收集、整理三个阶段。

准备阶段：指任务执行人接收到任务，理解任务内容，确认要求，并进行前期准备的过程。

收集阶段：指任务执行人将任务需求传达给相关被收集人员，并收集所需信息的过程。

整理阶段：指将收集到的所有信息进行汇总、整理、上报，以及对本次收集任务进行总结反思的过程。

在具体实施过程中，每个阶段又包含一系列操作步骤及注意事项，下面将做详细介绍。

3.2.1 准备阶段

3.2.1.1 明确要求

在向被收集人员传达任务之前，执行人需系统全面地明确收集任务的具体情况，建议采用 8W3H1O 的结构进行分析，包括但不限于如下内容：

（1）任务目的（Why）：为什么要进行此次收集任务。

（2）任务内容（What）：任务所需收集的具体内容。

（3）所有人员（Who、For whom、About whom）：任务联系人/解释者（Who）、成果接收者（Who）、承担任务的人员（For whom）、需要关注该任务的人员（About whom）、可以支撑此项任务的人员（About whom）等。

（4）任务时间（When）：任务的截止时间以及时间规划。

（5）获取渠道（Where）：可以从哪里（哪些渠道）获取。

（6）任务顺序（Which）：各种选择及优先顺序。

（7）完成方式（How）：关于做的方法论，以便可以更好地完成任务。

（8）任务时长（How long）：完成任务所需要的时长。

（9）任务成本（How much）：关于任务开展过程有关开销的说明，主要指人、财、物方面，特殊情况下甚至包括因开展此项工作可能对其他工作造成的影响。

（10）其他事项（Other）：其他应考虑的事项。

备注：

分析时要系统思考，充分考虑所有主要因素和细节，确保收集内容满足要求、对象覆盖全面、过程简洁高效、成果清晰好用。

如有可能，可以将所考虑的各方面要求记录下来并仔细检查，必要时向任务布置者进行确认，以防有误或遗漏。

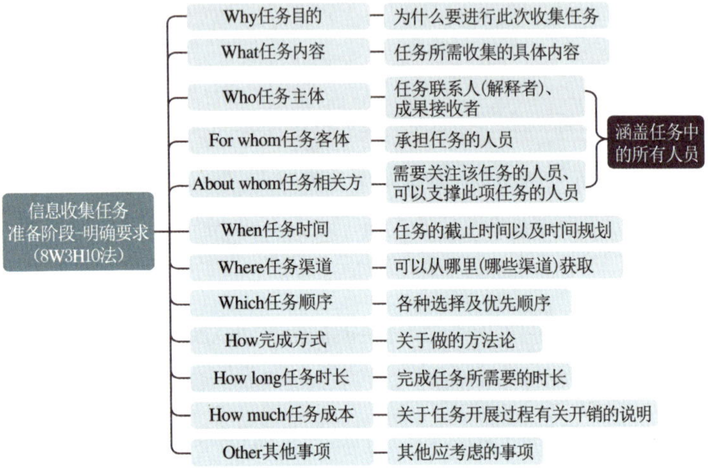

3.2.1.2　制定通知

在确定了具体要求之后，需要将任务要求以文档形式具体表现出来，方便相关人员知晓。对于要求中的重点、难点部分，应当详细地解释清楚。

备注：

可以高亮显示通知的相关要求、重难点部分，如采用字体加粗、颜色标记等。

3.2.1.3　编写范例

为了便于使被收集人员清楚地知悉如何报送材料或填写信息，执行人可以根据任务要求提前准备好一份材料文档格式或信息的填写范例，供被收集人员参考。这样不仅可以将要求具体化，还可以统一内容格式，美观明了，也便于后期汇总统计。

案例： 如下图所示，在有固定模板的基础上，附加填写说明，部分条目还可列出选项供填写者勾选。这样填写者能有所参照，收集到的信息更加规范统一，也便于后期的整理统计。

员工信息采集表					
填写说明： 1.本表由个人填写，格式不可改动； 2.填表人对表格内容的真实性、准确性负责； 3.所有关于时间的信息项，**须精确到月份，格式为YYYY-MM** 4.可选信息项请划"√表示。					
第一部分 人员基本信息					
姓名		招聘渠道	□社会招聘　□员工推荐　□自荐		
性别		身高		血型	
出生时间		民族		政治面貌	
身份证号码			户口类型	□农村　□城镇	
户口所在地	市/县	镇/区	籍贯	省	市/县
家庭地址				移动电话	
婚姻状况	□未婚　□已婚　□丧偶　□离异				
最高学历	□研究生　□本科　□大专　□中专（职高）　□高中　□初中及以下				
第二部分 其他信息					
政党信息					
政治面貌		加入时间		组织关系所在地	
家庭成员情况					
关系		姓名		出生日期	

3.2.1.4　确定策略

收集信息前，执行人需要针对不同情况确定所采用的收集策略。

（1）当被收集人员较少时，一般可以直接汇总统计。

（2）若信息无需严格保密，可以采用在线文档编辑的方式进行收集。

（3）如果被收集人员比较分散或者内部有分组（例如在不同部门），可以考虑采用分组统计逐级汇总的方式进行收集。

3.2.2　收集阶段

在收集阶段，任务执行人将任务需求传达给被收集人员，并将所需信息收集起来。

3.2.2.1　通知到位

执行人要确保通知到每一个被收集人员，可以通过微信群、邮件或者短信等多方式组合进行通知，通知发布时需要告知相关被收集人员回复，确认他们收到通知。

备注：

通知任务安排后，通过邮件抄送或单独汇报等方式告知任务布置者，让布置任务的人员了解相关情况，也便于其及时跟踪指导。

3.2.2.2　及时沟通

在发布通知后，应做到与被收集人员及时沟通，询问其是否有疑问或困难，以了解准备情况，并帮助他们实时解决问题。

此外，当任务布置者的需求发生变化，或者需要对收集任务做出改变时，应做好变更记录，并及时通知相关被收集人员。

3.2.2.3　习惯预判

根据对被收集人员的了解或从他人处获取的信息，重点关注可能会影响任务完成进度的人员，及时提醒、督促。

3.2.2.4　排列文档

当由于收集信息内容较多而采用多个文档进行填写时，为便于文档整理归类，所有文档应当具有统一的命名规则。

备注：

例如可以按时间（或其他）顺序在文件名前添加阿拉伯数字，使文档有序排列、内容衔接。

3.2.2.5　信息核对

收集过程应注意和被收集人员核对信息，包括文档格式是否统一、内容是否无误等，双方都要确保重要信息准确无误。同时要注意保护相关人员的隐私，不得泄露重要信息。

3.2.2.6　及时汇报

收集过程中，如果发现有不明确之处，或有需要任务布置者进行处理的相关内容，任务执行人需要及时汇报（一般不必等全部收集结束再汇报），以提高收集效率。

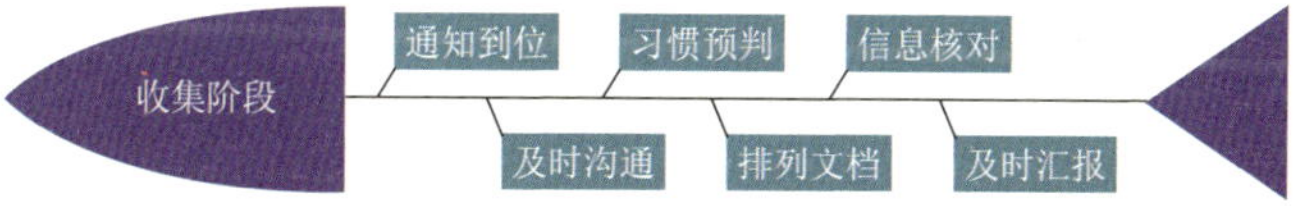

3.2.3　整理阶段

在整理阶段，执行人需要将收集到的信息进行相应统计汇总，并将收集结果撰写成文档上报给任务布置者。

3.2.3.1　条理清晰

应将收集的信息按照一定顺序分类整理（如采用总分结构或按

时间顺序等），如果文档中数字较多可以制作图表来辅助展示，对于重点部分可以进行标注或者调整排序，使最终整理的结果条理清晰、逻辑性强。

3.2.3.2　适当归纳

在整理收集信息，特别是当收集数据量较大时，执行人不要将信息简单罗列起来，而应在理解收集意图的基础上自主思考，对收集到的信息进行适当概括总结，以便于布置者快速掌握总体情况。

3.2.3.3　创新思维

在收集整理信息的基础上，执行人可以进一步采用一些创造性手段来扩展文档的功能（如增加流程图、思维导图等，或者对特殊信息进行标注等处理），使最终成果更加完善。

备注：

例如在收集各员工的健康状况时，可以针对员工不同的状况用颜色加以区分，这样使信息更加便于阅读，一目了然。

3.2.3.4　内容预览

收到信息后，要逐一审核填报的内容是否合适，是否存在错误，发现问题及时督促对方进行完善。对格式上的问题，也要进行调整，确保整体上风格统一。

在文档撰写完毕后，一定要进行复查，确保不会出现错别字以及标点、特殊字符、表格和图片内容上的错误。

同时，还要保证文档的格式工整正确，行距、字体等大小适合，并按照打印输出的目标设置打印格式。如果是表格应注意尽量不要跨页，以便于打印。

3.2.3.5　提前提交

任务完成速度是执行力的体现。尽可能在第一时间进行整理，在截止时间之前一段时间完成并提交，以留出成果接收者消化、审核、纠错、修改和提炼等的时间。

3.2.3.6　确认接收

执行人一定要确保布置者完整接收到所提交的文档。为避免由于网络原因导致的接收问题，文档发送后应与布置者确认是否接收，若对方无回复则应在一段时间后提醒询问是否收到。如果文档中存在特殊字符或图片过大，为避免由于硬件因素而导致无法全部加载的问题，可以同时发送一份 PDF 版本文档，以确保布置者完整接收文档信息。

3.2.3.7　归档复盘

任务完成后，应及时将相关资料整理归档，存放到本地硬盘或共享网盘。对可以再次利用的信息进行整理（如电话、籍贯、邮箱等常用固定信息），记录下来以备之后工作中使用，提高效率。同时，还应及时对本次收集活动进行复盘，分析得失并记录，以便以后更好地开展类似工作。

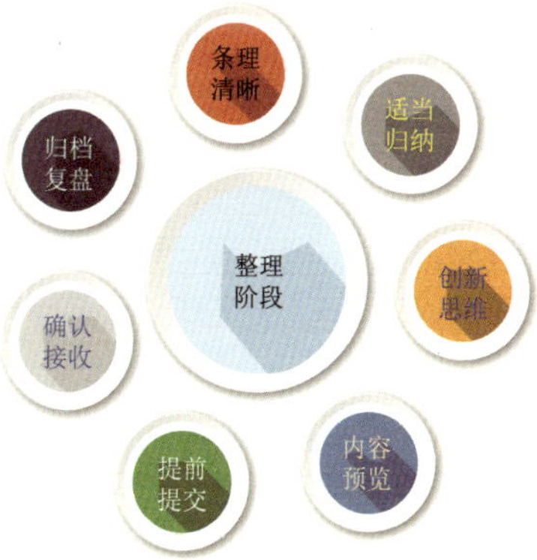

最后用一张思维导图来回顾一下“如何完成好一次资料（信息）收集任务”的内容。

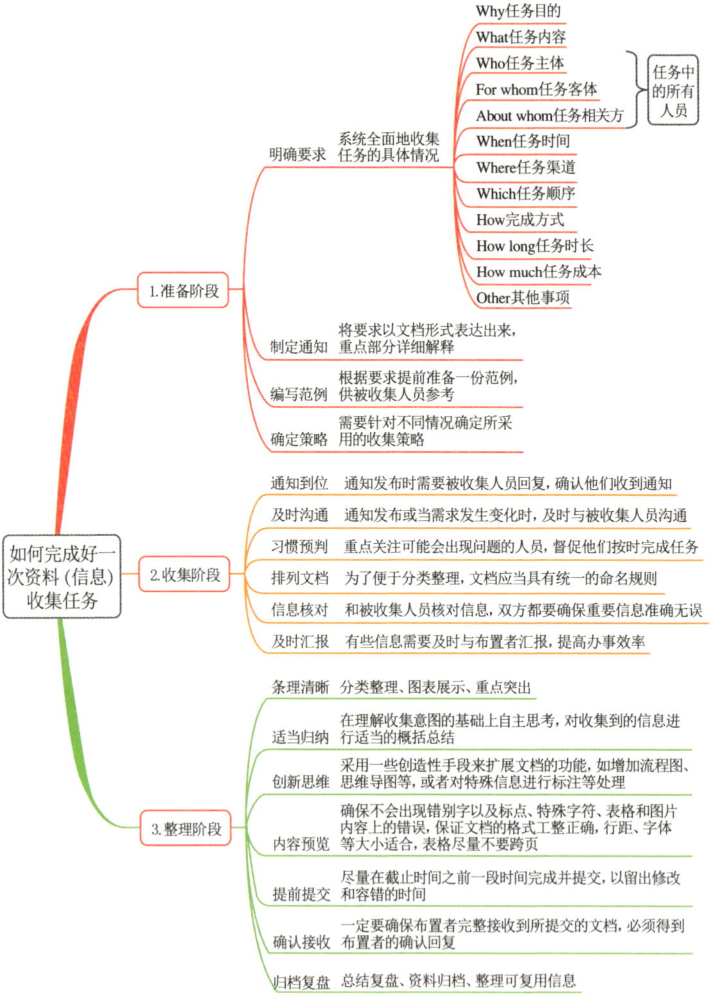

3.3　如何安排一场会议（活动）

前面提到，职场新员工经常会被安排做一些收集资料（信息）的任务，我们按照时间顺序从准备、收集、整理这三个阶段进行了介绍。

时间的先后顺序是最常见的一种顺序结构，下面要介绍的会议（活动）也具有这样的结构。当职场新员工经常会被分配去安排一场会议（活动），主要也是从前期准备、中期服务与后期总结这样的时间顺序组织开展、实现闭环。

安排会议（活动）非常重要，在筹备组织的过程中，每一个环节都不能疏忽，否则会出现难以弥补的差错，造成不可挽回的负面影响。

3.3.1　综述

大家都知道，在日常工作中，会议是公司研究部署工作的重要手段。会务工作是为会议服务的各种具体事务工作，是一项复杂的系统工作。会务工作水平的高低，直接影响会议的质量和效果。

一次会议的利益主体主要有主办者、承办者和与会者（有时候还有嘉宾或演讲者），其主要内容是与会者之间进行思想或信息的交流。

在开会之前，首先就要明确会议类型。根据会议性质的不同，可以将公司涉及的常规会议按照会议规模和与会者区域分为以下两大类五种。

3.3.1.1　按会议人数规模分

（1）百人以下会议：一百人以下，日常工作中处理的会议基本都属于此类。几个人到十几个人的小型会议，最容易实现良好沟通、达成会议决策。

（2）百人以上会议：百人以上，千人以下。这种会议规模已经不能保证双向沟通，与会者主要履行的是倾听的职责。

3.3.1.2 按参会人员范围分

（1）单位性会议：组织本单位内部人员参加的会议。

（2）区域性会议：与会者来自同一个区域或代表同一个区域内的若干单位。

（3）全国性会议：与会者来自全国各地。

3.3.1.3 按会务工作时间阶段分

（1）会前准备：在明确掌握会议目标和要求的前提下，要拟定会议筹备方案，对会议的议题、时间、参会人员范围、会场布置方案、后勤保障等进行详尽细致地谋划，并对工作任务进行分解。

（2）会中服务：会议期间的服务可分为会场内服务和会场外服务，涉及会议报到、食宿安排、医疗服务、车辆安排、材料分发、引导入座、会议记录、录音摄像等诸多环节。

（3）会后总结：指将会议相关的资料进行汇总、整理、归档，并对本次会务工作进行总结反思的过程，要做到善始善终、超前谋划，合理安排会后有关工作。

在会务具体实施过程中，每个阶段又包含一系列操作的关键点，接下来将详细介绍每个阶段的具体操作事项。

3.3.2　会前准备

凡事预则立，不预则废。会前准备是整个会务的重点，也是工作量最大的一个阶段。要预先考虑会议中可能出现的变化或意外情况，制定应对紧急突发情况的预案，对可能存在的问题和隐患提前解决、加强防范。

3.3.2.1　拟定会议方案

会议方案要紧紧围绕会议总体目标任务，明确会议议程之间内在的逻辑关系，合理安排会议议程、日程确保各环节顺利衔接，避免出现死角和盲区。

（1）会议方案可以使用 8W3H1O 法进行拆解，如下图所示，一般包括以下几项：

Why：会议目的。

What：会议类型、主题、名称、议程。

Who、for whom、about whom：主办者、承办者和与会者（有时候还有嘉宾或演讲者）。确定与会人员范围，邀请领导出席。

When：确定会议时间，确保时间适合与会人员。

Where：确定会议地点，根据会议形式及人数预定会议室。

Which：安排会务工作的次序、选项，确保工作没有漏洞、任务没有漏项、人员没有漏位等。

How：会议如何开，如线上、线下，是否需要投影等。

How long：会议每项议程的时长、总时长等。

How much：会议经费估算，相关费用预算要符合规定。

Other：其他应考虑的事项，如：根据需要是否安排食宿、车辆接送；会务工作的分工等。

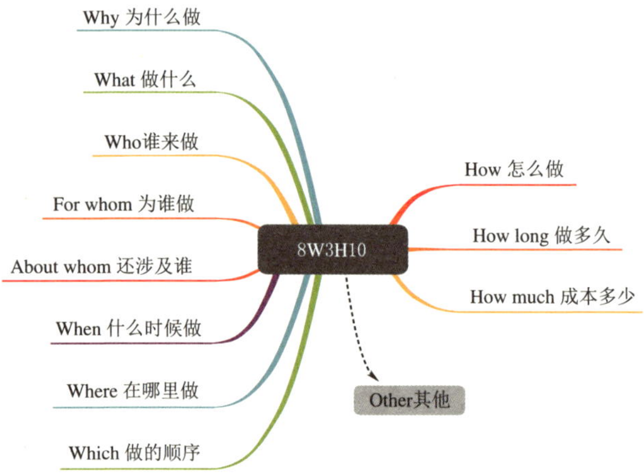

（2）会议议程是指对会议所要通过的文件以及要讨论、解决事项的初步安排。

（3）会议日程是指包括会议议程以及其他后勤服务、活动安排在内，本次会议所有进程的具体安排，一般用简短的文字或清单形式顺序列出。

在安排时应注意以下事项：

（1）准确把握会议的目的，根据会议的目的组织活动，安排议程。

（2）落实发言人及顺序，掌握重要参会人员的时间，要保证重要人员能够出席会议。

（3）根据多数人的意见科学、合理安排会议日程。一是要控制会议的总会期，会期不能太长；二是会议期间要适当休息；三是要确保在最佳的时间开会。如上午多安排报告、演讲，下午则以讨论或参观为宜。

3.3.2.2　会议通知

会议通知一般由会议的主办部门负责起草。

1. 通知拟定

会议通知应包含标题、称呼、正文及落款，有时还需要附件。正文中应写明会议名称、会议目的、会议时间、会议地点、参会人员及其他注意事项。

2. 通知下发

可附会议安排、行程、材料、会议须知等，必要时可附“参会人员群”二维码，便于同与会者沟通联系。

3. 接收回执

按照会议通知要求的时间，对与会人员逐一落实并做好登记，必要时可进行电话核查、督促，统计汇总后列好请假人员名单，并及时向有关领导报告。

4. 其他要求

了解参会人员的费用标准、收费方式和报销开票要求等，提前准备，会后帮助参会人员进行报销；收集参会人员的行程，如有必要，根据相关要求对参会人员安排专车接送。

3.3.2.3　拟定会议材料

会议所用的各种文件材料，均应于会前准备完毕。会议文件材料主要包括：会议须知、会议主持词、开幕词、闭幕词、会议报告、领导讲话稿等。

1. 会议须知

会议须知是参加会议人员的行动指南，是参会人员和会议工作人员必须遵守与了解的注意事项。会议须知的主要内容包括：会议日程、会议名单、保密纪律、请假制度、安全要求、作息时间、生活保障和其他注意事项等。

会议须知的编印要准确、详细。特别是与会者的编组、姓名、性别、单位职务等信息一定要准确无误。

如有需要制作会议证件的，比如出席证、列席证、工作证、车辆通行证等，要根据会议主题设计制作。

2. 会议报告

会议报告是参会领导在会上所做的中心发言、讲话。会议报告的起草要注意以下几点：

（1）按照领导的意图起草，并根据领导的身份、年龄和性格等个人特点撰写。

（2）在内容上要注意实事求是，还要进行分析说理。

（3）要针对与会人员的年龄、职业构成去构思通篇讲话，用最恰当的语言去感染和启发与会者。

（4）在文字上要注意简短生动，通俗上口。

（5）帮助领导衔接、督促讲话稿或主持词的起草与报送，确保及时完成并送到相关领导手中。

3. 开幕词

开幕词是在会议开始时，由会议主持人或主要领导所做的重要讲话。开幕词应简要阐明会议的目的、任务、意义，明确交代会议的议程，交代会议的主要精神。

（1）撰写开幕词时，篇幅要短，文字要简练，有针对性，内容忌重复、啰嗦。

（2）语言要求口语化、富有感情色彩，生动活泼。

4. 闭幕词

闭幕词是在会议闭幕时，由相关领导所做的总结性讲话。闭幕词既是对会议的总结和评价，又是对会议精神的延伸和补充，对于会议虽未展开、但已认识到的重要问题，应当在闭幕词中提及，适当强调，做必要发挥。

（1）闭幕词是会议的结束语，必须与开幕词相呼应。要总结会议成果，补充会议内容并适当深化和发挥。

（2）在闭幕词中要归纳会议精神，提出希望和要求，激发与会者贯彻会议精神的积极性，要高度综合概括，富有号召力。

备注：

◆ 检查文件的准确性。要认真核对每一项细节，尤其是时间、地点、活动内容、与会人员名单、车辆、会议名称、出席人数、主持人和与会者名签等，要确保每一项都无差错，每个文件都无错漏。

- 印制文件。会议文件在审查报批改定后方可付印。印制文件要专人负责，原则上谁起草谁负责。要根据与会人数印制并注意留出足够的份数备用。印制好的文件要按照与会人员不同的单位、部门、级别整理好，以便分发。
- 根据需要制作背景板或 PPT 等，并交主管领导审批。
- 制作签到表，用于参会人员签到。

3.3.2.4 会场布置

会议时间确定之后，要立即与会议场所联系沟通，预订会议室，并安排做好先期准备工作。

1. 会场格局

会场格局应根据会议的内容来安排，同时要考虑与会者的人数及彼此的关系。会场桌型可以布置成课桌型、回字形、U 字形等。

2. 坐席排列

注意主席台的座次安排，按照惯例，前排高于后排，中央高于两侧，左座高于右座。必要时设置汇报席或演讲席。

3. 配套布置

包括会场气氛的营造、横幅悬挂、会标悬挂、背景墙、投影、灯光音响、白板、会场花卉、席卡、文具摆放、欢迎牌、指引牌等，务必注意不能违反“八项规定”。

备注：

- 根据会议议程、发言习惯，准备（无线）麦克、激光笔和白板（白板笔、板擦），安排摆放位置。

◆ 座区图和席卡要反复进行核对，防止遗漏、重复，防止出现错别字，防止席卡摆放位置错误。

◆ 必要时准备笔记本电脑；提前将会议材料拷贝至投影电脑。

3.3.2.5 后勤保障

后勤保障涉及众多事项，是会议圆满成功的基础。

1. 车辆调度

大型会议活动，需要借用或租用车辆。要安排专人负责车辆的召集和调度，车辆较多时要编排乘车分组，并对车辆进行编号，根据要求对参会人员提供专车接送。

2. 电力保障

安排会议保电工作，同时对会议场所进行内部电力检修。提前预备计算机、投影设备，提前为与会者的电子设备（笔记本电脑、平板电脑等）准备插座、充电器、网线等。

3. 食宿准备

根据会议安排和与会人员数量提前预订房间和餐饮。

（1）与酒店确定房间类型和个数，是否包括早餐。

（2）确认食堂就餐或酒店就餐，提前通知与会人员。

4. 文具准备

准备好笔、本、草稿纸、白板笔、激光笔、录音笔、代表证等。

5. 新闻报道

需要新闻报道的会议，要提前安排新闻报道人员、摄像拍照人员。

6. 摄像拍照

邀请专业摄影人员沟通场景拍摄，照片效果要把关，还需要自备数码相机抓拍现场情况，如与会人员合影、会议大合照等。

7. 医疗服务

关心与会人员中老、弱、病、残者的健康状况，发现问题及时处理或请示有关领导。

3.3.2.6　会前演练

随着会期临近，会务组织者应深入会场、驻地，根据会议日程逐项对会务细节进行实地演练。会前演练有助于发现和解决会务工作中可能出现的问题，更好地落实会议方案中的各项任务。

1. 仪式彩排

如有颁奖、签字、授旗、剪彩、揭幕等仪式，需要准备相应物品，安排专门服务人员进行彩排演练。

2. 桌面推演

必要时按照已列议程制作专门的议程注意事项、人员衔接对照表，开展桌面推演。使每个人都清楚自己的任务，了解其他人的任务。会务人员要互相提醒、相互补位，确保工作没有漏洞、任务没有漏项、人员没有漏位。

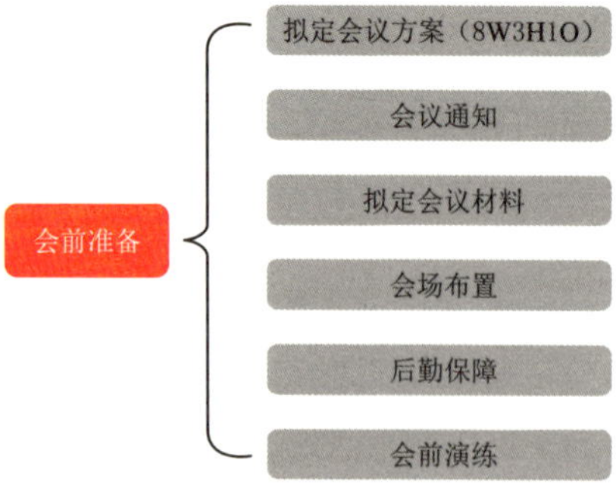

3.3.3　会中服务

会务执行人在会场执行会前准备的方案，辅助和维护会议正常进行，只有热情周到地做好服务工作，才能使场内外各个环节有机衔接。

3.3.3.1　候场准备

1. 会场检查

在开会之前，会务人员需要再次检查会场，包括设备检查和布置检查。

（1）设备检查。检查会议使用电脑、投影设备、音响设备、网线等是否正常。准备一套主持词或会议议程交给音响师，以方便其把握议程安排与音响的调配。

（2）布置检查。检查桌椅摆放、文具及资料摆放、横幅悬挂、欢迎牌、指引牌、座位牌、茶水是否到位；是否提前开空调等。

2. 签到与资料分发

负责签到的工作人员，要提前到达会场，帮助与会者领取会议证件、文件材料，引导与会者入座。

备注：

◆ 会议材料可以在会前通知各单位或部门派人领取，也可以在会场签到处一并发放，或是提前放置到与会人员桌上。

◆ 对摆放在主席台上的材料，要仔细检查顺序和页码，确保不出差错。

◆ 会议开始前要安排专人到会场清点人数，会前五分钟及时提醒尚未到会场的参会人员。

3.3.3.2　会场服务

会场服务主要是按照会议议程安排，监督会议进程。在会议开始以后，会务人员要协同服务人员、保障人员共同做好会场服务。

1. 提供茶水服务

茶水供给准时到位，告知与会人员茶点摆放点。

2. 提供麦克风

当与会人员提问，或涉及多排、多人的临时讨论，应及时提供会前准备好的麦克风。

3. 会场巡回检查

检查包括清洁卫生、开水供应等服务及灯光照明、扩音设施等状态，根据实际情况进行调整，会务人员要提醒、督促服务人员做好各种服务工作。

4. 会中仪式

根据会前彩排要求，对颁奖、签字、授旗、剪彩、揭幕等仪式，准备相应物品，安排专门服务人员。

5. 会场讨论

必要时可当场将会议达成的共识或决议通过投影、手机等进行共享、讨论和定稿。

6. 会议值班

收集和发送有关会议的信息，协调处理会议期间各项工作和突发事件，落实领导交办的事项等。安排一人在会场内、一人在会场外值班，及时沟通情况，确保联络畅通。

7. 维护会场秩序

会场秩序包括会场外秩序和场内秩序。

会议召开时，在会议室门口安排专人值班，防止无关人员进入会场，禁止大声喧哗。

发现会场内不遵守纪律的行为，予以提醒和制止。

会议开始后安排专人到会场清点人数，对迟到、缺席者进行登记。

3.3.3.3 会中记录

会中记录主要指会议记录。会议记录是对会议的基本情况、发言内容和进程进行记载的原始性文字材料，是会议情况的真实反映，也是了解会议决定事项执行情况的依据和凭证。一般不公开，只做资料存档。

1. 记录的作用

会议记录的作用主要有以下三点：

（1）依据作用。会议记录包含了会议传达的精神、会议的决定和会议对重大问题作出的安排等，是后期形成文件的重要依据。

（2）素材作用。会议进行过程中的会议简报和会议后期制作的会议纪要都将以会议记录为素材。

（3）备忘作用。会议记录真实记录了会议的全貌，防止人们一段时间后记不起会议内容。

2. 记录的注意事项

在做会议记录时要注意以下几点：

（1）确认公司之前是否有记录和惯例，如果公司已经形成相关制度和模式，在做会议记录之前先要参照公司范例，以便继承公司模式，且更容易上手。

（2）记录五要点，包括：记录与会人员姓名，记录会议主题，记录会议大致内容，抓住发言人说话真正主题意义，最后添加会议最终达成的议题。

（3）大部分的表达方式要么是先说结论再详细开展表述，要么反之，所以可以重点听发言人的开头和结尾所表述的话，抓住重点。

（4）会议记录小技巧，“一速”：字迹要小、多写连笔字，顺着手肘的自然去势写；“二摘”：对发言摘记论据、结论，对某句话摘记中心词；“三省”：使用简称、简化词及统称等成语、俗语、熟悉词组；“四替”：用简便代替复杂写法，如笔画少、易写同音字代替生词难字等。

备注：

- 记录时，要注意上下句子的连续性和逻辑性。
- 纪要应忠实于会议实际，不能将执笔者的个人见解掺杂进去，不可随意增减和发挥，这是撰写纪要的基本原则。
- 有条件或会议内容重大，可以进行录音、拍照等，方便会后对会中记录内容进行复盘检查，防止遗漏。

3.3.3.4 食宿安排

根据会议要求确定就餐方式，提前致电食堂或餐馆，确认就餐人数，保障午餐、晚餐的供应，必要时要安排人员引导与会人员到就餐地点。

根据会议要求提供中午休息区域，确认与会人员的行程安排，晚上需要住宿的，可以安排车辆接送。

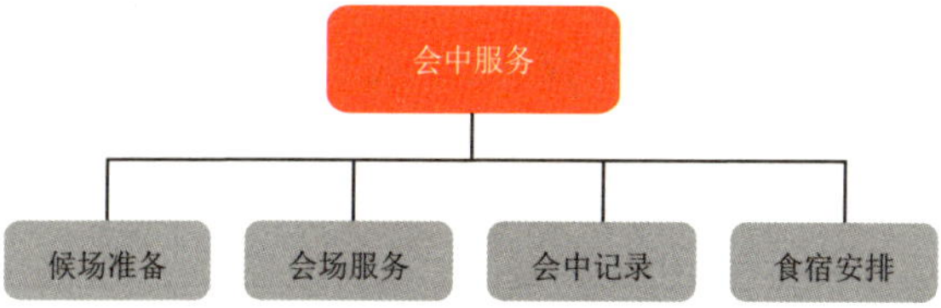

3.3.4 会后总结

分析总结会务工作中的经验和教训，对已有的会务工作流程、工作规范等进行修改和完善，使之更加适应新时期会务工作的需要，以便指导做好今后的会务工作。

可以收集参与人员对会务工作的意见和建议。

如需做出专门总结，将总结连同其他会议文件一并归档。

除了会务工作的总结，一次成功的会议，不仅要有充分的会前准备，周到的会中服务，而且要做到善始善终、超前谋划，合理安排会后有关工作。

3.3.4.1 会后服务

会务人员回收并清空会场资料，检查是否有物品遗忘。根据会议需要安排与会人员的回程，按照个人需求对与会人员提供报销帮助。对会务期间发生的费用进行结账，并保管相应发票，便于后期办理财务报销。

3.3.4.2 宣传报道

安排专人撰写新闻报道，与摄影人员对接，寻找合适的照片，经主管领导审批后发布新闻报道。

3.3.4.3 会议精神落实

整理会议记录，撰写会议纪要，经主管领导审批后发布。按照会议决议，对会上确定的各项工作任务根据相关时间期限进行跟踪管理。

关于会议纪要：

（1）会议纪要是用于记载、传达会议情况和议定事项的正式公文，要求与会单位共同遵守和执行。会议纪要的主要作用是总结会议成果，促进会议议而有决；参会人员贯彻会议精神的依据；供有关领导、档案部门留存备查。

（2）会议纪要中的主要内容和关键字可用红字或加粗标识，方便审阅人审阅。

（3）会议中提到的需要跟进的事项，涉及时间限制的需要特别注明，按照专人分类，到时提醒。

3.3.4.4 资料归档

要牢固树立档案意识，会后将安排专人收集整理会议所有档案资料，包括会议方案、通知、须知、简报、发言材料、领导讲话、会议记录、音像资料等，按类别整理成资料汇编，为今后的办会提供工作参考。

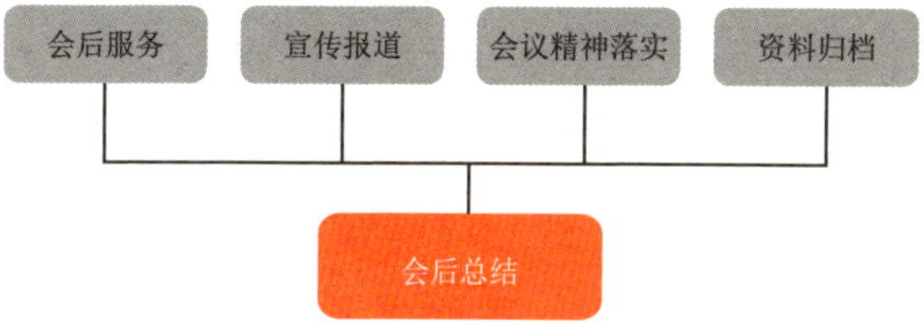

现在我们已经按照会前准备、会中服务和会后总结的顺序，把整个会议的安排都介绍完了。最后我们一起用一张表来回顾一下前面所学的内容。

另外，会务工作必须严格执行中央“八项规定”，不超规格，不超标准。而且会务工作中要做好向上、横向沟通，多请示汇报，关注时间节点，注意细节。

同时还要注意，本节内容是常规会议操作要点的完整版，正常工作涉及的绝大多数会议不会这么复杂，我们可以根据需要从中选取需要落实的事项。一些特殊会议，如高规格、大规模会议，科技项目评审会议，远程视频会议等，还需做适当调整，在实际工作中也要注意举一反三、融会贯通。

阶段	主要任务	备　注
会前准备	1. 拟定会议方案	（1）Why：会议目的。 （2）What：会议类型、主题、名称、议程。 （3）Who、For whom、About whom：主办者、承办者和与会者（有时候还有嘉宾或演讲者），确定与会人员范围，邀请领导出席。 （4）When：确定会议时间，确保时间适合与会人员。 （5）Where：确定会议地点，根据会议形式及人数预定会议室。 （6）Which：安排会务工作的次序、选项，确保工作没有漏洞、任务没有漏项、人员没有漏位等。 （7）How：会议如何开，如线上、线下，是否需要投影等。 （8）How long：会议时长。 （9）How much：会议经费申请，相关费用预算要符合规定。 （10）Other：其他应考虑的事项，如：根据需要是否安排食宿、车辆接送；会务工作的分工等
	2. 会议通知	（1）通知拟定。 （2）通知下发。通知下发可附“参会人员群”二维码，便于与参会人员沟通联系，包括会议安排、行程、材料、会议须知等。 （3）接收回执。包括会议特殊情况的确认，如参会人员费用结算标准、收费方式、开票要求等
	3. 拟定会议材料	（1）会议须知。 （2）会议报告。 （3）开幕词。 （4）闭幕词
	4. 会场布置	（1）会场格局。课桌型、回字形、U 字形。 （2）坐席排列。主席台、发言席。 （3）配套布置。横幅、会标、背景墙等

续表

阶段	主要任务	备　注
会前准备	5. 后勤保障	（1）车辆调度。 （2）电力保障。 （3）食宿准备。 （4）文具准备。 （5）新闻报道。 （6）摄像拍照。 （7）医疗服务
	6. 会前演练	（1）重点关注仪式，如有颁奖、签字、授旗、剪彩、揭幕等仪式，还需准备相应物品、安排专门服务人员。 （2）必要时进行桌面推演，制作专门的会议事项、人员衔接对照表
会中服务	1. 候场准备	（1）会场检查，包括设备检查和布置检查。 （2）签到、分发材料，引导人员就座。 （3）会前清点人数，及时提醒未到的参会人员
	2. 会场服务	（1）提供茶水服务。 （2）根据需要准备麦克。 （3）会场巡回检查，维护会场秩序。 （4）会中有仪式，提供物品、安排服务人员。 （5）会场讨论。必要时可当场将会议达成的共识或决议通过投影、手机等进行共享、讨论和定稿。 （6）会议值班。安排一人在会场内、一人在会场外值班，及时沟通情况 ，确保联络畅通。 （7）维护会场秩序。包括会场外秩序和场内秩序
	3. 会中记录	（1）会议记录。作用和技巧。 （2）必要时使用录音笔录音，以便整理
	4. 食宿安排	根据与会人员数量提前预订

续表

阶段	主要任务	备　注
会后总结	1. 会后服务	（1）会场清洁。 （2）宣发报道。 （3）安排与会人员回程、提供照片，提供报销帮助。 （4）会务费用结算，并保管发票
	2. 宣传报道	安排专人撰写新闻报道，对接摄影人员，经主管领导审批后发布新闻报道
	3. 会议精神落实	整理会议记录，撰写会议纪要，经主管领导审批后发布
	4. 资料归档	会议结束后会场所有材料、会议纪要等全部整理归档

3.4 如何安排座次（席位）

座次（席位）安排是一项重要的礼仪。正确安排座次是对所有参加人员的尊重，恰当的座次安排还方便大家交流，有利于沟通工作的顺利进行。职场有很多场景需要注意座次礼仪，如正式的会议如何安排座次，正式的商务宴请又该如何安排座次。如何恰当、得体地安排不同场合的座次，是每个职场人应该关注的问题和必备的技能。

想象一下这样一个场景：部门领导通知说下午有个交流会，邀请了公司领导和其他几个部门的领导来参会，让你去安排会议室的席卡。

接到这样的任务，你准备怎么干？这样的会议交流，席卡你会摆吗？

再比如，部门一个老同志要退休了，主任准备安排部门同事小聚，欢送一下。为了表示重视，还邀请了公司分管领导和人资部主任一起参加，让你安排座位。

你准备怎么安排？

在实际工作中，有很多这样需要安排坐席的场景。

下面将分别针对会议和用餐两种场景，对“怎样安排座次”给出相应的说明与建议。具体内容包括安排座次时应遵循的规则、图例说明、注意事项等。

3.4.1 会议座次安排

一般来讲，判断会议座次尊卑的基本原则有：

（1）按照国际惯例，“以右为尊”是普遍适用的次序原则。但在我国，大多是“以左为尊”。正式会议，一般都遵守“左为上”的原则。

（2）中间位置为上，两边为下。相比两边的位置，位于中间的人讲话更能使两边的人都清楚地听到，更便于与两边的人进行交流。

（3）前排为上，后排为下。在会议中前排适宜安排更重要的人士。

（4）面门为上，背对门为下。面门的位置比背对门的位置更加优越。

（5）惯例为上。企业如已有自己长期以来形成的惯例，即使与实际情况或上述标准不符，也应以惯例为重。

（6）听从尊者意见。以辈分或地位高的人的意见为准。

案例1：某公司老总长期以来都坐在背门的位置，在该公司内部布置会议坐席时，即使“面门为上，背对门为下”，大家也依然会让老总背门而坐，以示对习惯的尊重。

案例2：某单位老领导退居二线，新领导上任。虽然二人在公司职务上的排位高低已发生变化，但每次开会时新领导还是会让老领导坐在主位，以示对老领导的尊重。

基于以上基本原则，总结整理了会议场合具体的座次安排表，详见下表。

会场台型	特点	规则	图例	备注
课桌式	此台型包含主席台、主持人、观众席的座次安排以及发言席的位置安排。 **优点**：容纳人数多，便于与会者阅读资料做记录，也便于演讲或投影演示； **缺点**：不利用双向沟通。	**主席台**： 主席台座次安排遵循的基本规则是： 1 号领导人居中，2 号领导人安排在 1 号领导人的左手边，3 号领导人安排在 1 号领导人的右手边。其他领导人依次先左后右交叉排列	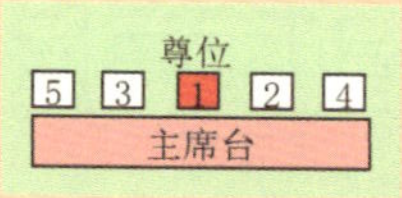	（1）主席台要面向观众，居会场中央。 （2）主席台座位布局应对称、简化
		主持人： 会议主持人，又称大会主席，其具体座次安排有三种方式： （1）居于主席台正中央； （2）居于主席台的两侧； （3）按其具体身份排座	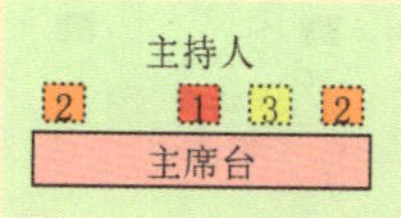	主席台有多排位置时，主持人座次安排应居于前排，不宜令其就座于后排
		发言席： 发言席的常规位置有两种： （1）主席台的正前方； （2）主席台的右前方	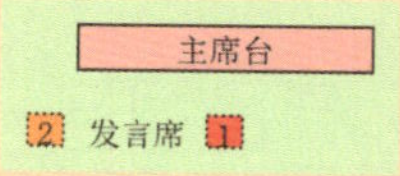	无
		观众席： 观众席的具体排座方式有两种：一是自由式就座；二是按单位就座。 总体遵循原则：以星号为中心，中间高于两侧，前排高于后排		具体依据，既可以是与会单位、部门的汉字笔划的多少、汉语拼音字母的前后，也可以是平时约定俗成序列

续表

会场台型	特点	规则	图例	备注
U 形台	**优 点**：便于投影演示，便于加强与会人员之间的互动和交谈沟通	一般遵循以面对屏幕为尊位。 会见宾客时，主人、主宾就座于上首位，其他陪同人员就座于下首位	1. 面对屏幕的 U 形台 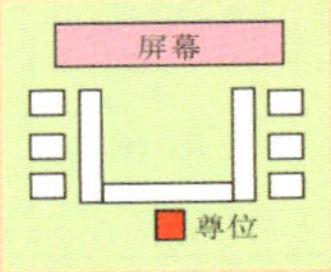 2. 背对背景墙的 U 形座次 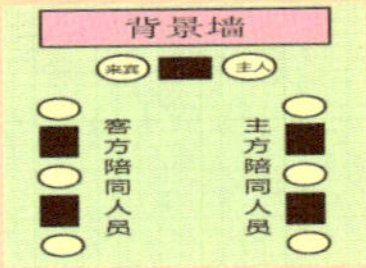 	无
回字形	**优 点**：适合于小范围的双向讨论 **缺 点**：不利于投影作演示	一般遵循以面对会议室正门之位为尊位	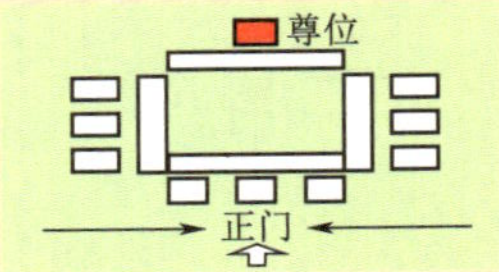 	无

续表

会场台型	特点	规则	图例	备注
长条形	**优点**：显得主次分明，“公事公办”之意	安排长条桌座次遵循的基本原则： 1. 背门而坐为上。 2. 两端不坐人，所有人员相对而坐时，双方人员按身份对等原则就座。 3. 顶端坐人时，背靠背景墙或面向屏幕为上，1 号领导居中，2 号领导人安排在 1 号领导人的左手边，3 号领导人安排在 1 号领导人的右手边其他人按先左后右顺序依次相对而坐	1. 两端不坐人 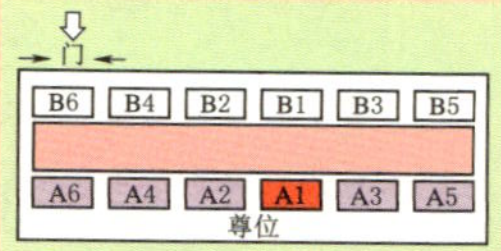 2. 顶端坐人 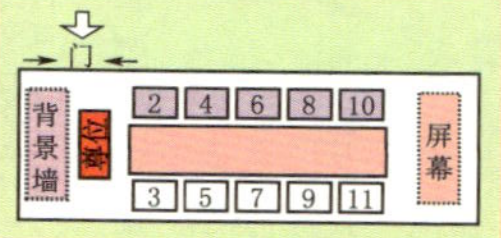 	两端不坐人 （1）A 为上级领导或外宾座位，B 为主方座位。 （2）身份对等就座，方便交流。 （3）无需投影演示

3.4.2　用餐座次安排

一般来讲，判断用餐座次尊卑的基本原则：

（1）按照国际惯例，“以右为尊”是普遍适用的次序原则。

（2）面门为上。面门的位置比背对门的位置更加优越。

（3）临墙为好。为了防止过往侍者的干扰，通常以靠墙之位为上座。

（4）观景为佳。当有优美的景致或高雅的演出供观赏时，应以观赏角度最佳处为上座。

（5）尊重酒店惯例。有的酒店会将主位的餐巾迭出不同的花样，比其他座位的餐巾高出一些。若酒店安排的座次与用餐人员以往的习惯不完全相符，则应先考虑按照酒店餐巾的摆放方式来决定座次，而非盲目坚持以往经验，甚至强行调换座次。

（6）听从尊者意见。以辈分或地位高的人的意见为准。

基于以上基本原则，本书整理了用餐场合具体的座次安排表，详见下表。

餐桌类型	特点	规则	图例	备注
圆桌	中餐以圆桌为主。优点是方便夹菜	（1）一般情况下，以主人为中心，从主人的右侧开始，1号客人安排在主人的右手边，2号客人安排在主人的左手边。按先右后左顺序依次类推。 （2）以主宾为中心，从主宾的右侧开始，1号主人安排在主宾的右手边，2号主人安排在主宾的左手边。按先右后左顺序依次类推	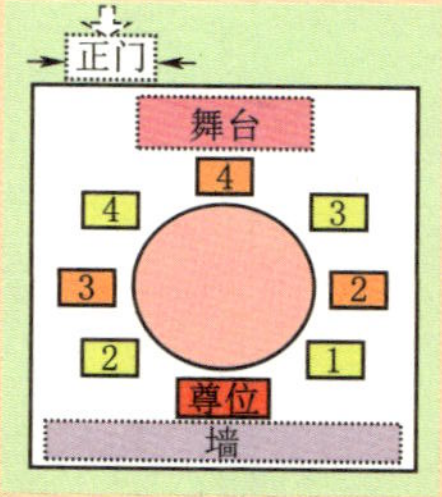	（1）安排座次时，可以按照宾客的职务、地位、与主人或主宾的关系远近来排列座位。 （2）主宾身份高于主人，为表示对他的尊重，可以把主宾摆在主人的位置上，而主人则坐在主宾位置上，第二主人在主宾的左侧

说明：用餐座次安排可根据实际情况灵活调整。

3.5 如何发通知

你在学校里一定有过发通知或接收通知的经历吧？

尤其上了大学，不再是单纯地被动接收老师发送的通知。大学的学生会、社团、班级甚至宿舍等基本是学生自主管理为主，如果你曾经担任过班级的班委班干、学生会的主席部长干事、社团里的主席部长秘书长，甚至宿舍的舍长，大概率你曾经也发布过通知。

现在再回想下，还记得当时发通知的场景吗？

在大学，学校发布的通知相对正式，而学生会、社团、班级、宿舍发布的通知基本都是非正式的，格式也是相对随意的。

试想一下，如果学校随意发布一个通知，在自媒体这么发达的今天，会产生什么样的影响？

3.5.1 什么是通知

3.5.1.1 概念

通知，是向特定受文对象告知或转达有关事项或文件，让对象知道或执行的公文。

通知属于下行文种，一般用于上级机关向下级机关下达指示、布置工作、传达有关事项等。

上下级关系可以是直接的隶属关系（如公司给内设的部门、中心发通知），可以是业务指导关系（如省市公司职能部门给生产中心或下级公司发通知，比如市公司发展部给县公司发通知；省公司直属单位给有业务指导关系的地市级公司对口部门发通知，比如省信通分公司给地市信通分公司发通知）。

同级单位之间不可以发通知，只能通过函的形式进行正式沟通。为了简化，非正式场合，常用非正式公文形式的“工作联系单”来代替函。“工作联系单”可以参照“发通知”的方法进行编发。

通知发送方	通知接收方	举　例
省公司	省公司本部部门	省公司 发通知给 省公司发展部
	省公司下级单位（直属单位、市县公司）	省公司 发通知给 省信通公司、市县供电公司
省公司职能部门	省公司下级单位（直属单位、市县公司）	省公司发展部 发通知给 省信通公司、市县供电公司
	省公司下级单位对口业务部门	省公司发展部 发通知给 市县公司发展部
省公司有专业指导职能的直属单位	有业务指导关系的市公司对口业务部门	省信通 发通知给 市信通

3.5.1.2　分类

根据适用范围的不同，可以把通知分为以下六类：

（1）发布性通知：用于发布行政规章制度。

（2）批转性通知：用于上级机关批转下级机关的公文，给所属人员，让他们周知或执行。

（3）转发性通知：用于转发上级机关和不相隶属的机关的公文

给所属人员，让他们周知或执行。

（4）指示性通知：用于对下级机关布置工作、阐述政策等的通知。有办理或执行要求，而内容不适于用命令形式的公文，一般也用指示性通知。

（5）任免性通知：用于任免和聘用干部。

（6）事务性通知：事务性通知又称告知性通知，用于处理日常工作中带事务性的事情，常把有关信息或要求用通知的形式传达给有关人员。

在日常工作中，常用的通知类型为事务性通知，此类通知的目的是确保被通知人知悉通知内容、出席活动会议、完成相关任务等。

今天我们就针对事务性通知工作，给大家提供相应的操作建议。

3.5.2　怎么发通知

经过系统分析，把“怎样发通知”按照时间顺序的逻辑结构分解为通知拟定、通知下发、接收回执三个阶段，每个阶段又包含一系列操作的关键点。

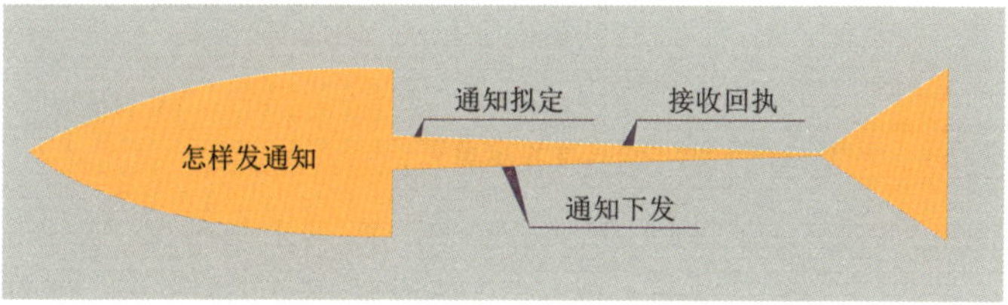

3.5.2.1　通知拟定

通知一般包括标题、称呼、正文、落款四个部分，根据需要还可以有附件。具体格式和注意事项如下表所示：

部分	格式	注意事项
标题	首行居中或邮件主题	（1）需简明扼要，突出主题，一目了然。 （2）若重要或紧急通知，可用字体加粗、颜色标记等方式引起通知接收者重视
称呼	第二行顶格	称呼需是包含所有通知接收者的统称，不宜过长，有多个对象时需注意排序
正文	另起一行，首行缩进两字符	（1）需条理清晰、层次分明、用词准确。 （2）需明确通知缘由、通知事项、执行要求等要素信息。若为会议及活动通知，需写清时间、地点、参会对象等信息，有些还需要对着装、党徽佩戴等提出要求。 （3）涉及时间的，应具体明确，防止产生歧义。

续表

部分	格式	注意事项
正文	另起一行，首行缩进两字符	（4）联系人姓名、联系方式等信息需完备。 （5）有回执要求的，需明确回执格式，注明回执截止时间及接收方式，如必要需添加回执模板作为附件。 （6）有附件的，必要时应简单介绍各个附件的主要内容
落款	正文右下方	分两行，一行署名（如果加盖公章的话，可以不另外署名），一行写日期
附件	正文结尾或邮件附件栏	（1）附件一般为上级发文、操作指南、详细通知及要求、报名表格、资料格式等。 （2）附件过多时，可用压缩包的形式发送

备注：

- 通知全文均要求用词严肃准确、简明扼要，辞藻不宜华丽，直接陈述事宜即可。
- 格式、字体等需按照公文的统一标准执行。
- 通知拟定完成后，需提交相关领导审核。

3.5.2.2　通知下发

通知下发时，要根据通知内容、紧急程度和接收便利性等，合理选择公文、邮件、微信等渠道。

（1）重大事件或上级重要指示宜采用正式公文形式。

（2）工作安排、重要活动会议通知或带有附件的通知宜采用邮件形式，再辅以微信等即时通信方式进行提醒。

（3）小范围且非正式或紧急通知可采用微信等方式。

（4）应尽可能预留给接收者充分且合适的准备时长，必要时可在正式通知前先发送预通知。

（5）要仔细检查，避免出现漏发等现象。

（6）通知下发要明确通知对象。若采用邮件方式，发送对象为通知的主要执行人、抄送对象为通知的相关知情人；若采用微信方式，注意 @ 出通知的主要执行人，或者采用“群待办”等方式，确保需要通知的人员都能第一时间响应。

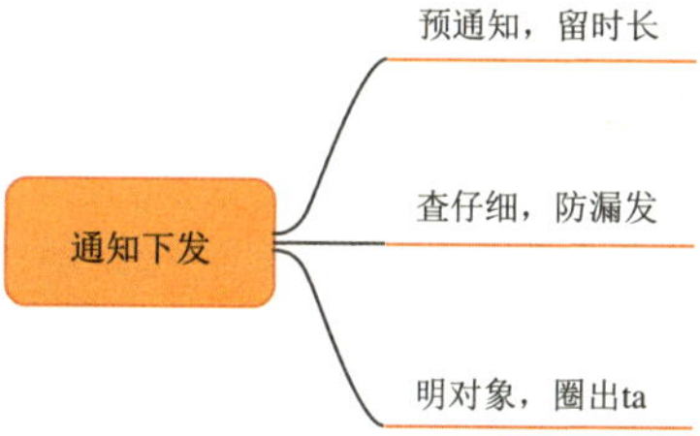

备注：

◆ 如需下发紧急通知，在正常通知的同时，务必通过电话或者短信等方式再次与接收者进行告知、确认。

◆ 如有必要，在会议活动日期或者任务截止日期前，对通知接收者做出适当提醒。

◆ 通知的联系人即为答疑人，对通知发送后可预见的疑问和反馈，要做到心中有数、有效应对。

◆ 以邮件形式下发通知时，可将经常发送的对象建立分组，提高工作效率。

3.5.3 接收回执

大部分通知可通过回执接收反馈，根据回执内容大致可将通知分为收到回复类（如会议通知）、报名信息类（如活动或比赛通知）、材料提交类。

（1）收到回复类需确保所有通知接收者知悉通知内容。

（2）报名信息类需依据反馈信息及时做好统计工作，并在回执截止时间前做好应对反馈信息调整的措施。

（3）材料提交类需及时审核反馈材料，第一时间发现问题并请提交方进行完善。

备注：

◆ 可通过邮件或企业微信的回执和已读功能，辅助确认通知接收状态。

◆ 通知发送后如收到请假问题，仅做记录、切勿越权，告知请假人需向会议主持人请假。

以上就是“怎样发通知”的操作建议。最后提供一个常用通知格式模板，便于拟定通知的时候作为参考，具体内容根据实际情况做修改即可。

常用通知格式模板

国网江苏 ×× 公司关于召开 ×× 会议的通知

×××（称呼）：

为了 ×××（目的），根据 ×××（依据）工作安排，×××（主办单位）决定召开 ××× 会议。现将有关事宜通知如下：

会议内容：×××

会议时间：×××

会议地点：×××

参会人员：×××

会议要求：×××

联系人：×××

联系电话：××××××

联系邮箱：××××××

会议群二维码：

附件：1.××××××

2.××××××

国网江苏 ×× 公司

×××× 年 ×× 月 ×× 日

附录　　推　　荐

一、职场新人读物推荐

读万卷书，行万里路。千万不要觉得离开校园进入职场就没有碰书的机会、没有读书的必要了。在职场也要不忘学习，多读好书，不断提升自己，方才能在职场路上越走越远。

下面列出的书籍都是经过挑选、适合初入职场的新人阅读的，附上书籍内容简介（简介部分引用自“豆瓣读书”），供读者根据自己喜好和需要进行选择。

1.《给青年的十二封信》《谈美》《谈修养》，朱光潜

《给青年的十二封信》是著名美学家、文艺理论家、教育家、翻译家朱光潜先生旅欧期间写给国内青年朋友的信，对青少年关心的话题，读书、升学、作文、做人、修身、谈情、爱恋等做了亲切而全面的探讨，劝青少年树立远大理想，眼光要深远，思想要明澈，夯实基础，勿贪图世俗名利。

《谈美》是朱光潜先生建立其早期美学理论体系的重要著作之一。全书从“谈美”“免俗”“人心净化”的目标出发，顺着美从哪里来、美是什么及美的特点这一脉络层层展开，娓娓道来，抒发了这位美学大家的人格理想、审美理想，提出了他的美学研究的理想目标，即“人生的艺术化”，渗透了朱光潜先生对艺术与人生关系的

深刻体悟。

《谈修养》是朱光潜先生阐发人生修养途径的著作，以其心理学的专长和思想文化的观察，把握个人心性与社群国族之间的互动，一一道破种种心性的困惑和社会蔽障，引导人生趋往康庄与丰盈。

2.《如何阅读一本书》，莫提默·J. 艾德勒 / 查尔斯·范多伦

每本书的封面之下都有一套自己的骨架，作为一个分析阅读的读者，责任就是要找出这个骨架。一本书出现在面前时，肌肉包着骨头，衣服包裹着肌肉，可说是盛装而来。读者用不着揭开它的外衣或是撕去它的肌肉来得到在柔软表皮下的那套骨架，但是一定要用一双 X 光般的透视眼来看这本书，因为那是了解一本书、掌握其骨架的基础。

不懂阅读的人，初探阅读的人，读这本书可以少走冤枉路。对阅读有所体会的人，读这本书可以有更深的印证和领悟。

3.《结构思考力》，李忠秋

本书的核心理念源自芭芭拉·明托的《金字塔原理》，运用更符合中国企业及中国人的特点进行诠释。本书定位于一本金字塔原理通俗版和本土版（案例以中国企业本土案例为主），内容以金字塔原理这一工具的应用为主框架，新增了作者的观点并侧重于从“结构思考”的角度向大众以更通俗的方式传递结构思考力在思考和表达方面的理念和方法。

4.《沟通与写作：语言表达与沟通技能》，王用源

本书是将传统纸质教材与数字化教学资源融为一体的新形态教

材，主要讲解大学生学习和工作中不同场合的沟通形式和沟通技能，从沟通的自我认知、心理调适、肢体语言和社交礼仪讲起，进而介绍命题演讲、即兴发言、成果展示、汇报工作、组织会议、考研面试、求职面试，以及职场沟通中的语言表达技能。

为了便于读者学习，本书提供教学大纲、PPT 课件、案例分析、沟通技巧等电子资源，可在人邮教育社区下载。本书可作为普通高等院校通识教育类语言沟通课程的教材，也可作为普通读者自学和训练的参考书。

5.《认知红利》，谢春霖

如何在这个时代脱颖而出？靠努力？别人也可以；靠资源？别人比你多。

本书作者谢春霖说，你只有升级自己的认知，把自己变成和他们不一样的人，你才有机会在这个时代弯道超车！

本书从 6 个维度全面升级你的认知，让你拥有不平凡的思考力：重新理解财富、重新理解自己、重新理解环境、解开大脑封印、思维能力提升、解决所有问题。

这是一本全面升级认知、快速提升脑力的书，作者思维新颖，对人、人性有独到的见解，对认知、思维有重构的逻辑，对效率、财富有独门的办法。阅读本书，是一次脑力激荡之旅，也是一条认知丰盈之路。

6.《平凡的世界》（套装共 3 册），路遥

《平凡的世界》是一部现实主义小说，也是小说化的家族史。作

家高度浓缩了中国西北农村的历史变迁过程，作品达到了思想性与艺术性的高度统一，特别是主人公面对困境艰苦奋斗的精神，对今天的大学生朋友仍有启迪。

这是一部全景式地表现中国当代城乡社会生活的长篇小说。作者在近十年广阔背景上，通过复杂的矛盾纠葛，刻画了社会各阶层众多普通人的形象。劳动与爱情、挫折与追求、痛苦与欢乐、日常生活与巨大社会冲突，纷繁地交织在一起，深刻地展示了普通人在大时代历史进程中所走过的艰难曲折的道路。

7.《卓有成效的管理者》，彼得·德鲁克（Peter F. Drucker）

德鲁克在《卓有成效的管理者》中论述了一个管理者如何做到卓有成效。本书的基本观念：对组织负有责任、能影响组织经营成果的人，就是管理者。管理者，就必须卓有成效。卓有成效是可以学会的！如此，一群平凡的人，就做出了不平凡的事。

8.《高效能人士的七个习惯》《第三选择》，史蒂芬·柯维（Stephen R. Covey）

史蒂芬·柯维被《时代周刊》评为“影响美国历史进程的25位人物之一”。其思想和成就，可与拿破仑·希尔、戴尔·卡耐基比肩。

《高效能人士的七个习惯》是一部永恒的畅销书、里程碑式的著作。“七个习惯”指积极主动、以终为始、要事第一、双赢思维、知彼解己、统合综效、不断更新，是基于历久弥新效能原则的个人领导力体系，正在改变着美国、中国等世界各地的企业，其影响力遍及全球所有领域，这种改变甚至可以帮助实现一个国家的强大。

《第三选择》中史蒂芬·柯维提出，每件事都存在第3选择，每个人都有第3选择的能力；要解决最棘手的问题，我们必须彻底改变思路；第3选择不是“听你的”或者“听我的”，而是超越你的或我的方式，设法找到更高明、更好的方法，让双方都能从冲突中找到一条出路。当双方共赢、能够共同创造出一种新局面，才是解决问题的关键。

9.《加速：从拖延到高效》《人生效率手册》《告别演讲恐惧》《张萌分享：青年领导力》，张萌

《加速：从拖延到高效》时间管理专家张萌在书中构建系统的人生加速提升方案，通过“精力”“认知”“思维”“人脉”和“健康”5大助推器，49个人生管理的方法与实践，让人们在快节奏的生存环境下，能够平衡工作生活、洞察未来风险、快速实现自我迭代。

《人生效率手册》是张萌送给青年人的成长加速器。在时间上拎得清的人，少奋斗十年。书中作者通过亲身实践，提出自我管理体系的四大模型：时间管理、目标管理、效率管理、健康管理，指导青年人如何通过输入，即知识技能来源的四类场景——阅读、以人为师计划、课程与会议，以及行走的力量，最终实现正确输出——写作、演讲及实践能力。在职场少走弯路，掌握正确的方法。每天效率提高一点点，构建职场硬本领，你就能收获更好的人生。

《告别演讲恐惧》从心理学的角度帮助读者认识演讲恐惧的深层因素，提供了一系列有效的改善方法和应对措施。从克服恐惧，到建立自信；从跨越心理障碍，到提升演讲技能；从向优秀者学习，到

建立自己的演讲风格。作者通过具体事例和浅显道理，并结合自己的亲身经历，帮助演讲“菜鸟”们完成从起步到精彩演讲的跨越。

《张萌分享：青年领导力》是对青年领导力理论及实践的梳理、总结与凝练概括而成的一部专著。全书包括五个章节：领导人与追随者、青年领导力的自我管理、团队管理、榜样与引领、开创未来，从这五部分对青年领导力实践进行全面概括与阐释。书中引用了大量国内外发人深省的史料、国际咨讯、与青年成长发展相关的案例等，紧密围绕青年领导力这一核心论点进行深刻讨论分享。

10.《深度工作》，卡尔·纽波特（Cal Newport）

《深度工作》作者、麻省理工学院计算机博士卡尔·纽波特，创立深度工作概念，其含义为在无干扰的状态下进行专注的职业活动，使个人的认知能力达到极限。而正因为当前社会深度工作能力的日益稀缺，其与经济成功的关系也变得日渐紧密起来。

本书的所有讨论也围绕深度工作而展开，全书共分为两部分：在第一部分中，作者从神经科学、心理学、哲学等角度，客观地分析了在新经济形势下实现深度工作的重要性。第二部分则系统地传授了在日常生活中践行深度工作的具体策略，如将深度工作纳入日常工作进程，提高大脑的深度思维能力，远离社交网络等。

作者还强调，深度工作不是一项过时的技能，而是将人们从技术垄断导致的精神异化状态中解救出来的良药。在当前这个以网络为中心的浮浅信息时代，倡导深度工作无异于呼唤一种匠人精神的回归。

11.《关键对话》，科里·帕特森（Kerry Patterson）/ 约瑟夫·格雷尼（Joseph Grenny）/ 罗恩·麦克米兰（Ron McMillan）

当你遇到一些糟糕的情况时，你是沉默以对，还是尖刻批评，抑或拍案而起？别觉得灰心丧气，因为大部分人都和你一样，在面对难以解决却又会对生活产生重大影响的“关键时刻”，不是张口结舌不知如何应对，就是以强硬的方式解决，却在对方心里留下不愉快的阴影。

《关键对话》将帮助你以四两拨千斤的方式，利用各种沟通技巧，解决生活中难以应对的各种难题，成就无往不利的事业并拥有更快乐的人生。

本书详细剖析了人们在沟通上常见的盲点，并提供了许多立竿见影的谈话、倾听、行动技巧，辅以丰富的对话情境和轻松幽默的小故事，帮助读者以最迅速的方式掌握这些技巧，让你说得切中要点，说得圆满得体。

12.《学习力：颠覆职场学习的高效方法》，王世民

有很多要学的内容，但工作忙得没时间学，怎么办？

工作了很多年，但知识支离破碎不成体系，怎么办？

想转行，但又缺少工作必需的知识和技能，怎么办？

《学习力：颠覆职场学习的高效方法》给你一套适合你的职场学习方法，帮你搭建系统的个人知识体系。这本书很详细地介绍了系统学习的策略和技巧，包括三大策略：功利性学习、搭建框架、做到可迁移；以及五大技巧：搜索、阅读、理解、积累、应用。让你轻

松学会各种技能，在短时间内实现岗位能力提升，快速适应一份新工作，或者转入一个新行业。

13.《成长：从校园到职场》，谢耘

《成长：从校园到职场》从认识自我写起，用极具亲和力的语言讲述了青年人如何加强性格修养、提高自身素质、适应从校园到职场的转变。书中既有作者少年时代的经历，也有多年职场奋斗的感悟，作者将其娓娓道来，帮助年轻读者在纷繁的社会浪潮中迈向更成熟、更成功的人生。

这是一本讲解文明、价值、哲学等深奥话题的图书，一些观点会让你大开眼界，更加理性客观地去认识中西方文明的本质差异。原以为虚幻缥缈的价值导向，其实也有着本质上的客观规律。不管你是学生或职场人或公司领导，都需要有自己的核心价值体系，秉着良心、梦想两个原则，修炼心灵。

14.《细节决定成败》，汪中求

本书作者汪中求在担任 CEO 的三年时间里，将视野从专注营销转向整个企业经营管理的动作。作者以大量案例论述了“细节”在管理中的重要性。

这本书意在提示企业乃至社会各界，精细化管理时代已经到来。芸芸众生能做大事的实在太少，多数人的多数情况总还只能做一些具体的事、琐碎的事、单调的事，也许过于平淡，也许鸡毛蒜皮，但这就是工作，是生活，是成就大事不可缺少的基础。中国绝不缺少雄韬伟略的战略家，缺少的是精益求精的执行者。

15.《秘书工作手记》，像玉的石头（李珣）

本书凝聚了一个从业多年、仍战斗在办公室工作一线的小秘书的实践经验总结和理论思考成果。它不是以往或粗制滥造、或板着面孔、或不说真话的职场书，而是敢于揭露职场真相的真实手记。

它说真话，告诉你职场到底有什么规矩：你不经常找领导汇报，领导就是不高兴；你写文章不懂得研究借鉴，就是写不好；你老在微信上问“在吗”，别人就是讨厌你。职场规矩就是这样，你看清楚了，就能绕开雷区。

它说人话，用口语化的、轻快活泼的字句来组织文章。坚决杜绝四六句、对仗句，坚决抛弃“一要二要三要”的俗套，怎么想的就怎么写，怎么做的就怎么写，怎么直观好懂生动就怎么写。

它想真切而直白地告诉你，身在职场，如何得到领导和同事的认可，如何培养办公室工作人员素养，如何在办公室搞好沟通，如何写好公文，如何安排好宴请，如何组织好会议，如何高效办公。

办公室工作看上去全是繁琐和重复，但想要做好它，想要实现作为大机器中一颗小零件的自身价值，只能靠我们用一种“匠人”的心态和精神去琢磨、去学习、去思考、去精进，最终把手头平淡无奇的活计做成一门手艺。

16.《职场动物进化手册》，雾满拦江

《职场动物进货手册》里到处乱窜的是一群似曾相识的“动物”。在他们身上我们看到了自己的影子、同事的影子、主管的影子、老板的影子。正是通过他们，作者创造了一种全新的“职场性格模型”。

我们可以利用这个模型，来认清自己，也看清别人在职场中的位置和角色，从而炼就一副火眼金睛。这本书给我们的，不是一面易碎的镜子，而是一把钥匙，去开启那扇曾经紧闭的职业成功之门；或者说是一根绳索，帮职场新人从职场的泥潭中脱身出来。

17.《见识》，吴军

《见识》是硅谷投资人、国家文津图书奖得主吴军博士首部认知升级类著作，吴军老师认为，与其他外部资源或者个人因素相比，个人的成就首先取决于“见识”。因此在书中，他将自己的经历，以及身边那些时代先行者的经验，以鲜明睿智的方式阐述出来，为你提供一个与众不同的、值得深度思考地看待世界、看待问题的视角。

18.《请停止无效努力》，孙圈圈

没有什么天赋异禀，成功源于持续有效的努力。停止无效努力，让你的付出有所成就。这本书可以帮助努力很久依旧没有成功的人，找到正确的努力方向，让人生少走弯路。

很多时候，我们不是不努力，只是没找到正确的努力方法。本书从发掘天赋、提升能力、选择平台、回归自己等几大方面详细阐述了努力的正确模式。书里所讲的关于努力的方法与思路可以用来分析我们生活、学习和工作中遇到的大多数问题。

书中提供的科学以及便于实践的工具与方法，都通过形象生动的思维导图展现出来。结合每篇文章的后续练习好好实践，最终将会彻底颠覆一个人过去的思维认知，从而让工作和人生发生巨大的变化。

19.《每天懂一点行为心理学》，匠英一

这本书内容不多，花一两个小时就能翻完。适合初入办公室的职场人。

办公室说到底是做人的工作，和人打交道。如何更好地理解他人？如何更清晰地认识自己？人们日常的行为模式背后，隐藏着怎么样的心理？这些行为又体现了一个人什么样的性格？在这几个问题上，阅读这本书能够对我们提供比较多的帮助。

本书中介绍的内容，有很多是由心理学家通过观察人们日常生活中的各种模式化行为，分析其特点和共性而总结出的一些结论。在行为心理学中，有很大一部分内容是在研究人的肢体语言，特别是无意中表露出来的那部分由潜意识引起的动作。相对于可以有意识去控制的语言，心理学家认为，这些无意行为代表了人的潜意识，所以更加真实地展现了当事人的心理，也更加可信。

20.《99% 的新人，没用心做好的 50 件事》，岩濑大辅

99% 的新人初入职场都会困惑，应该提交 100 分的工作成果，还是只需提交 50 分的工作成果？如何组织一次会议？琐碎、机械的工作里蕴藏着什么机会？在十几年的职场生涯中，作者几经辗转，可每次都是职场中的佼佼者，为什么？因为，不管职场环境如何改变，作者心中坚守的信念不变，一直支撑着他迈向成功。

这就是《99% 的新人，没用心做好的 50 件事》将为大家介绍的职场三原则：接手的工作一定要完成；即使只有 50 分也不要紧，赶快提交上来；没有无聊的工作。

《99% 的新人，没用心做好的 50 件事》作者基于他总结的职场三原则，从方方面面为大家介绍了 50 个职场指南，它们将陪伴你的职场生涯，做你永远的指南针。改变你的工作态度，改变你的工作方法，让你看到不一样的世界。

二、常用实用工具推荐

随着网络技术愈加发达，越来越多的便捷化工具进入了我们的视野。工具在我们的工作中逐渐变得随处可见，我们也越来越依赖这些工具：

画思维导图会想到 XMind；

画流程图会想到 ProcessOn；

在线文档编辑会想到金山；

微信文章排版会想到各种编辑器；

……

工具已经融入到我们工作的方方面面，从基础的文档编写，到各种流程图、原型图、思维导图的绘制，甚至很多工作习惯的养成都需要使用工具。

然而很多职场萌新刚入职场并不了解工具，在花了很多时间做基础工作之后才恍然大悟，原来通过工具可以帮自己节省最少一半的时间。

职场工具实用性之强、适用性之广，在职场中，各种优秀的职场工具都应该被充分运用。接下来推荐的实用且便捷的职场工具，可以帮助大家拓宽学习途径，提高学习效率，在起跑线上快人一步。（各类平台、工具的截图、简介都源自其官方网站或 APP 界面）

（一）学习平台类

1. 得到

“得到”的用户群体在不断壮大。很多知识从业者，早上做的第一件事就是打开“得到”APP。“得到”中的内容基本都是音频，可以不受环境约束，随时萃取知识。内容更是包罗万象，是提升软实力、加深阅识的利器。

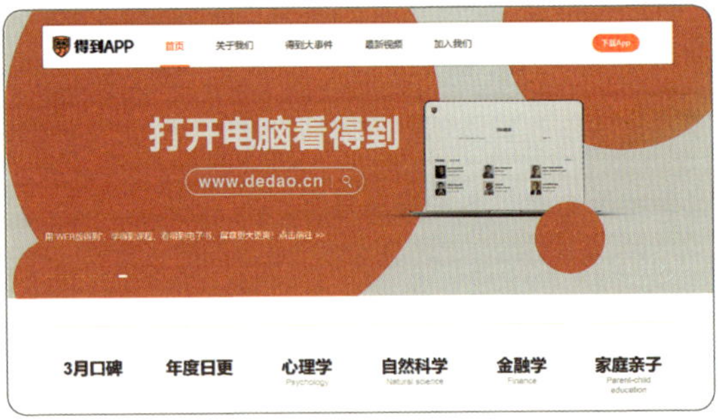

2. 喜马拉雅

和“得到”相比，“喜马拉雅”更为去中心化，内容也比“得到”更为丰富，但鱼龙混杂的资源导致其内容质量参差不齐。建议只听免费内容，或者跟着比较熟悉的大神。

3. 简书

“简书”是读、写一体的平台，读者亦是作者。在这种机制下，很多人会在“简书”上贡献一些公共媒体获取不到的干货。比如，当你考虑是否要买一门很贵的课程时，就可以先在“简书”上搜索一下，会有一些听过课程的人写些感触。这不但能降低你的试错成本，而且遇到一个认真的作者，你可能连学费都省了。

4. 哔哩哔哩（B 站）

“B 站”早已成为年轻人学习的渠道，早在 2018 年，就有超过

2000 万人在“B 站”学习。“B 站”上有很多高效学习和职场攻略相关的视频，只需简单的关键字就可以搜索出来。

5. 慕课

“中国大学 MOOC（慕课）”是国内优质的中文 MOOC 学习平台，由爱课程网携手网易云课堂打造。“慕课”能让每一个有提升愿望的用户能够学到中国知名高校的课程，并获得认证。

6. 网易公开课

“网易公开课”上几乎没有收费的内容，而且都是国外及国内大学的系统性课程，也包括 TED 中的精彩演讲，可以方便你系统地学习某个学科的知识。

7. 网易云课堂

“网易云课堂”相比“网易公开课”更倾向于技能，而非知识。其内容涉及实用软件、IT 与互联网、外语学习、生活家居、兴趣爱好、职场技能、金融管理、考试认证、中小学、亲子教育等十余大门类。

8. 百度传课

“百度传课”内容涵盖了中小学、职场、技能、生活等各个领域。与“网易云课堂”有些类似，但“百度传课”有 Live 直播课和线下课，课程内容总量要少于“网易云课堂”。

9. 腾讯课堂

“腾讯课堂”作为国内最大的在线职业教育平台，一端连接有学习需求的用户，一端连接有好内容的教育机构或老师，聚合

IT 互联网、设计创作、兴趣生活、语言留学等多领域的职业教育课程，下设职业培训、公务员考试、托福雅思、考证考级、英语口语、中小学教育等众多在线学习精品课程，打造老师在线上课教学、学生及时互动学习的课堂，帮助广大学员提升职业和就业技能。

10. 我要自学网

“我要自学网”是由电脑培训学校和职业高校的老师联手创立的一个视频教学网，网站里的视频教程均由经验丰富的在职老师原创录制，内含各类职业相关的技能，有文秘文员、会计、广告人员、设计师、程序员等多种职业的学习规划指导，同时提供各类贴心服务，非常适合职场新人学习。

（二）技能提升类

1.Word 联盟

“Word 联盟”是办公室软件必备的学习网站，可以在线学习 Word、Excel、PPT、WPS 等 Office 办公软件应用。网站主要从软件技术教程等文章、入门实例操作等视频教程这两个方面给上班族提供学习办公软件的应用。

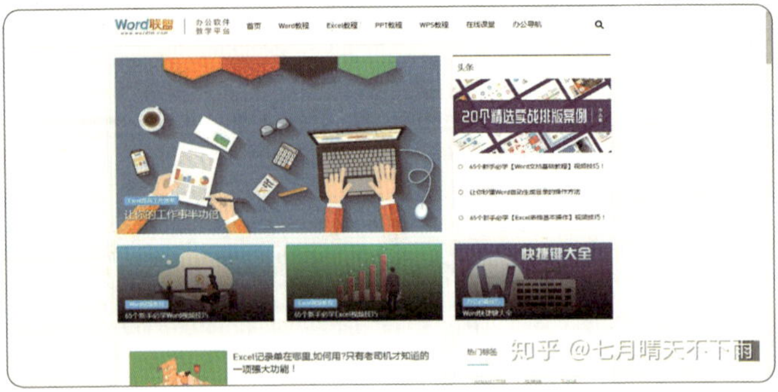

2.Excel Home

“Excel Home”是全球极具影响力的 Excel 资源网站之一，是华人 Excel 用户的网上家园。广大 Excel 用户可以通过其论坛进行技术交流、问题探讨，并且还有很多资源性文件共享。

3. 锐普 PPT 论坛

“锐普”是中国最大的原创 PPT 素材站，有中国最强的 PPT 制作团队，有人人都能快速提升的 PPT 培训，以不同于传统的 PPT 制作模式，创造全新的 PPT 体验。

4. 吾道幻灯片

“吾道幻灯片”是一款全新的 office 生产力工具，支持演示文稿、

PPT 模板、协同办公，可以帮助用户轻松创建具有视觉吸引力的幻灯片。同时，作为一款办公软件，“吾道”具备了简洁、易用、功能强大的特点，并通过云端技术实现在线编辑设计，让分享过程更加方便、高效。

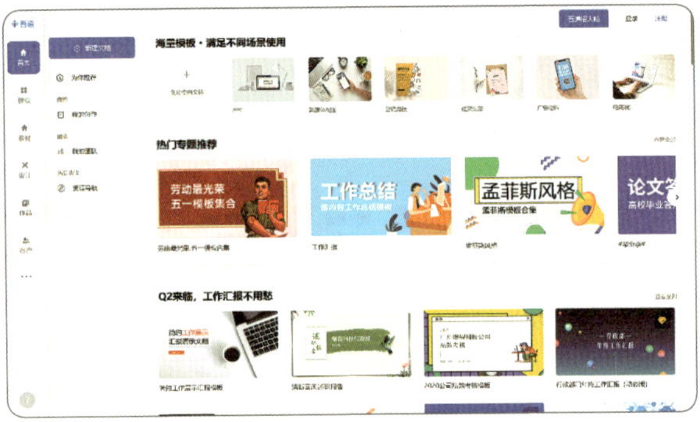

5.Mindmaster

Mindmaster 有一个很大的思维导图社区，里面有超过 10 万份专业作品，包含了很多职场干货。以书来举例子，1 张思维导图就是

1 本书的读书笔记，10 万张思维导图就是 10 万本书，比一般图书馆藏书都多。而且这些学习内容都是经过创作者自行整理和总结过的，全是精华中的精华。

Mindmaster 的创作者就像老师一样，早就把专业知识的重点都划好了。我们通过浏览思维导图，可以省去很多无效阅读和低效学习的时间，很适合忙碌的职场人。

（三）常用便捷工具

1. Everything

Everything 超级文件搜索软件是速度最快的文件搜索软件，可以瞬间搜索到你需要的文件。它体积小巧、免安装、免费、速度极快，且使用非常少的系统资源，就能达到惊异的速度。

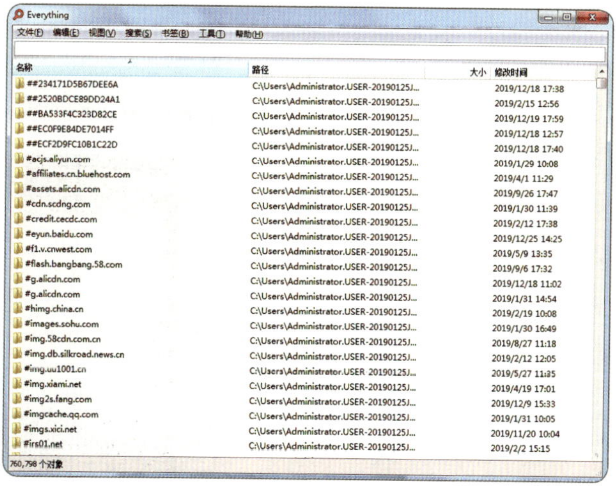

2.XMind

XMind 是一款简单好用的思维导图软件，可以帮助我们整理思路，从每一个点出发，不断发散，让思考更全面。它除了可以轻松绘制基本逻辑图，还支持组织结构图。

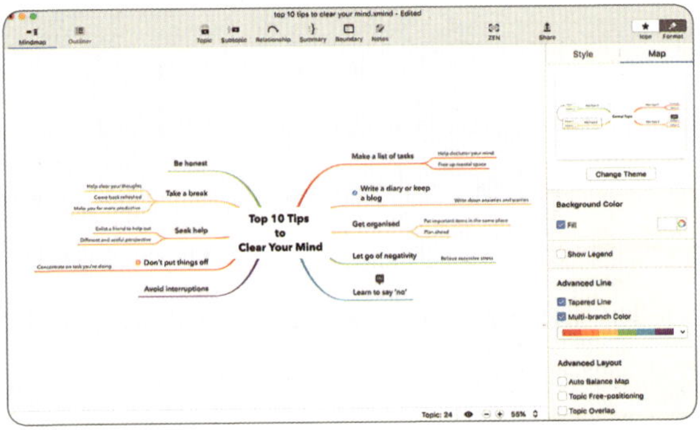

3. 扫描全能王

“扫描全能王”是一款可以帮助用户方便快速记录文档、数据以及笔记的软件，是一款移动的智能掌上扫描仪，提供最智能的文档管理方案，能让你随时随心编辑文档，进行文字识别、文档识别、图片扫描，同时它还是在线 pdf 转器，提供 pdf 转 word、word 转 pdf、图片转 pdf 等服务，集扫描、编辑、管理于一体，快速同

步，时时分享，有效沟通。

4. 天若 OCR 文字识别

OCR 即光学字符识别，是一种能将图片中的文字识别转换为可编辑文本的技术。比如当我们想复制一段扫描版 pdf 或者图片里的文字时，一般情况下只能手打输入，但使用 OCR 就可以自动识别图中文字，能节省许多时间精力。

“天若 OCR”是一款 Windows 端的 OCR 文字识别软件，别具特色地将截图与 OCR 相结合，使用便捷，功能丰富，对于工作和学术来说是一大效率利器。

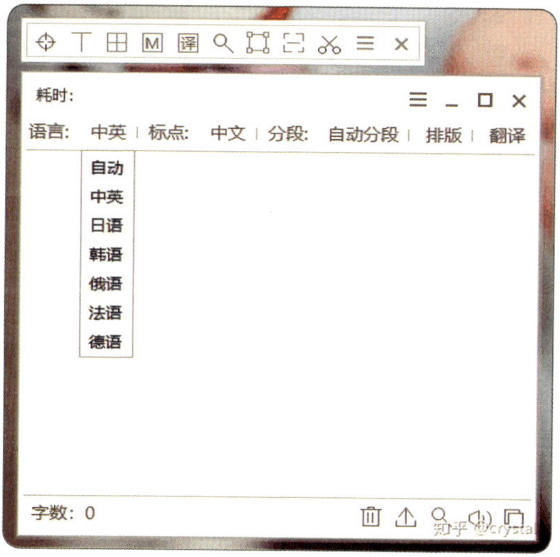

5. 火绒

“火绒”是一款小巧实用的免费杀毒软件，页面干净利落、没有广告，最重要的是它有很强大的弹窗广告屏蔽功能，能帮助解决弹窗垃圾信息过多带来的烦恼。